# 坦克与装甲车鉴赏指南

经典

军情视点 编

金装典藏版

化学工业出版社
·北京·

本书不仅详细介绍了坦克与装甲车的发展历史、未来趋势和一些相关的军事知识，还全面收录了第二次世界大战以来世界各国研制的两百余种经典坦克与装甲车，包括轻型坦克、中型坦克、重型坦克、主战坦克、步兵战车、装甲运兵车、装甲侦察车、自行火炮等，每种武器有详细的性能介绍，并有准确的参数表格。

本书不仅是广大青少年朋友学习军事知识的不二选择，也是军事爱好者收藏的绝佳对象。

### 图书在版编目(CIP)数据

经典坦克与装甲车鉴赏指南：金装典藏版 / 军情视点编.
北京：化学工业出版社，2017.2（2025.4重印）
ISBN 978-7-122-28834-9

Ⅰ. ①经… Ⅱ. ①军… Ⅲ. ①坦克-世界-指南②装甲车-世界-指南Ⅳ. ①E923.1-62

中国版本图书馆CIP数据核字(2017)第004466号

---

责任编辑：徐 娟　　　　　　　　　　装帧设计：中海盛嘉
责任校对：陈 静　　　　　　　　　　封面设计：刘丽华

出版发行：化学工业出版社(北京市东城区青年湖南街13号　邮政编码100011)
印　　装：中煤（北京）印务有限公司
710mm×1000mm　　1/16　　印张 18　　字数 450千字　　2025年4月北京第1版第2次印刷

购书咨询：010-64518888　　　　　　售后服务：010-64518899
网　　址：http://www.cip.com.cn
凡购买本书，如有缺损质量问题，本社销售中心负责调换。

定　　价：69.80元　　　　　　　　　　　　　　　　　版权所有　违者必究

# 前　言

在现代化三军中，陆军是最为古老的军种，从有军队存在开始就有陆军了。在战争中，陆军有着其他军种无法替代的作用。从某种角度来说，不论是空军还是海军，或者其他特殊军种（如特种部队），其最终目的是为陆军进攻而服务。

现代陆军是一个多兵种、多系统和多层次有机结合的整体，具有强大的火力、突击力和高度的机动能力。陆军既能独立作战，又能与其他军种联合作战。陆军的作战能力除了有赖于良好的兵员素质，也要依靠性能优良的作战装备，而陆军作战装备里最为重要的莫过于坦克与装甲车。作为现代陆上作战的主要武器，坦克素有"陆战之王"的美称。而其他装甲车辆也因为机动性强并具备一定的防护力和火力，而在战争中发挥着重要作用。

本书不仅详细介绍了坦克与装甲车的发展历史、未来趋势和一些专业的军事知识，还全面收录了第二次世界大战以来世界各国研制的两百余种经典坦克与装甲车，包括轻型坦克、中型坦克、重型坦克、主战坦克、步兵战车、装甲运兵车、装甲侦察车、自行火炮等，每种武器有详细的性能介绍，并有准确的参数表格。通过阅读本书，读者会对坦克与装甲车有一个全面和系统的认识。

作为传播军事知识的科普读物，最重要的就是内容的准确性。本书的相关数据资料均来源于国外知名军事媒体和军工企业官方网站等权威途径，坚决杜绝抄袭拼凑和粗制滥造。在确保准确性的同时，我们还着力增加趣味性和观赏性，尽量做到将复杂的理论知识用简明的语言加以说明，并添加了大量精美的图片。

参加本书编写的有丁念阳、黎勇、王安红、邹鲜、李庆、王楷、黄萍、蓝兵、吴璐、阳晓瑜、余凑巧、余快、任梅、樊凡、卢强、席国忠、席学琼、程小凤、许洪斌、刘健、王勇、黎绍美、刘冬梅、彭光华、邓清梅、何大军、蒋敏、雷洪利、李明连、汪顺敏、夏方平等。在编写过程中，国内多位军事专家对全书内容进行了严格的筛选和审校，使本书更具专业性和权威性，在此一并表示感谢。

由于时间仓促，加之军事资料来源的局限性，书中难免存在疏漏之处，敬请广大读者批评指正。

编者<br>2016年12月

# 目录

## 第1章 坦克与装甲车杂谈　　1
坦克与装甲车的历史　　2
坦克与装甲车的未来　　6
坦克与装甲车专业术语解析　　8

## 第2章 美国坦克与装甲车　　11
M3 "斯图亚特" 轻型坦克　　12
M22 "蝗虫" 轻型坦克　　13
M24 "霞飞" 轻型坦克　　14
M41 "华克猛犬" 轻型坦克　　16
M551 "谢里登" 轻型坦克　　18
M3 "格兰特/李" 中型坦克　　20
M4 "谢尔曼" 中型坦克　　21
M46 "巴顿" 中型坦克　　22
M47 "巴顿" 中型坦克　　24
M48 "巴顿" 中型坦克　　26
M26 "潘兴" 重型坦克　　28
M103 重型坦克　　30
M60 "巴顿" 主战坦克　　31
M1 "艾布拉姆斯" 主战坦克　　33
M3 半履带装甲车　　35
M113 装甲运兵车　　36
AIFV 步兵战车　　37
M2 "布雷德利" 步兵战车　　38
AAV-7A1 两栖装甲车　　40
M3 装甲侦察车　　41
M8 "灰狗" 轻型装甲车　　42
T17 "猎鹿犬" 装甲车　　43
V-100 轻型装甲车　　44
LAV-25 轻型装甲车　　45
"悍马" 装甲车　　46
M1117 "守护者" 装甲车　　48
"斯特赖克" 装甲车　　49
M10 "布克" 装甲步兵支援车　　51
L-ATV 装甲车　　52
"水牛" 地雷防护车　　53
M10 坦克歼击车　　54
M18 坦克歼击车　　55
M36 坦克歼击车　　56
M7 自行火炮　　57
M107 自行火炮　　58
M109 自行火炮　　59
M142 自行火箭炮　　61
M270 自行火箭炮　　62
M728 战斗工程车　　64
M9 装甲战斗推土机　　65

## 第3章 苏联/俄罗斯坦克与装甲车　　67
T-26 轻型坦克　　68
T-60 轻型坦克　　69
BT-7 轻型坦克　　70
T-28 中型坦克　　71
T-34 中型坦克　　72
T-44 中型坦克　　74
T-35 重型坦克　　75
KV-1 重型坦克　　76
KV-2 重型坦克　　77

# 目录

| | | | |
|---|---|---|---|
| KV-85 重型坦克 | 78 | SU-85 坦克歼击车 | 118 |
| IS-2 重型坦克 | 79 | SU-100 坦克歼击车 | 119 |
| IS-3 重型坦克 | 81 | BMPT 坦克支援战车 | 120 |
| T-10 重型坦克 | 83 | IMR-2 战斗工程车 | 121 |
| T-54/55 主战坦克 | 85 | **第4章 英国坦克与装甲车** | **123** |
| T-62 主战坦克 | 87 | 维克斯六吨坦克 | 124 |
| T-64 主战坦克 | 89 | "蝎"式轻型坦克 | 125 |
| T-72 主战坦克 | 90 | "马蒂尔达"步兵坦克 | 126 |
| T-80 主战坦克 | 92 | "瓦伦丁"步兵坦克 | 127 |
| T-90 主战坦克 | 94 | "丘吉尔"步兵坦克 | 128 |
| T-14"阿玛塔"主战坦克 | 96 | "十字军"巡航坦克 | 129 |
| PT-76 两栖坦克 | 97 | "克伦威尔"巡航坦克 | 130 |
| BMD-1 伞兵战车 | 98 | "彗星"巡航坦克 | 131 |
| BMD-2 伞兵战车 | 99 | "谢尔曼萤火虫"中型坦克 | 132 |
| BMD-3 伞兵战车 | 101 | "土龟"重型坦克 | 133 |
| BMD-4 伞兵战车 | 102 | "征服者"重型坦克 | 134 |
| BMP-1 步兵战车 | 104 | "百夫长"主战坦克 | 135 |
| BMP-2 步兵战车 | 105 | "酋长"主战坦克 | 137 |
| BMP-3 步兵战车 | 107 | 维克斯主战坦克 | 139 |
| T-15"阿玛塔"步兵战车 | 108 | "挑战者"1 主战坦克 | 140 |
| BTR-60 装甲输送车 | 109 | "挑战者"2 主战坦克 | 142 |
| BTR-80 装甲输送车 | 110 | 通用运载车 | 144 |
| BTR-82 装甲输送车 | 111 | "萨拉森"装甲输送车 | 145 |
| BTR-90 装甲输送车 | 112 | "萨拉丁"装甲车 | 146 |
| "回旋镖"装甲输送车 | 113 | "弯刀"装甲侦察车 | 147 |
| BRDM-2 装甲侦察车 | 114 | "风暴"装甲输送车 | 148 |
| "虎"式装甲车 | 115 | "武士"步兵战车 | 149 |
| "库尔干人"-25 装甲车 | 116 | "射手"坦克歼击车 | 151 |
| SU-76 自行火炮 | 117 | | |

# 目 录

| | |
|---|---|
| "阿基里斯"坦克歼击车 | 152 |
| AS-90 自行火炮 | 153 |

## 第5章 法国坦克与装甲车 155

| | |
|---|---|
| FT-17 轻型坦克 | 156 |
| FCM 36 轻型坦克 | 157 |
| AMX-13 轻型坦克 | 158 |
| S-35 骑兵坦克 | 159 |
| Char B1 重型坦克 | 160 |
| ARL 44 重型坦克 | 161 |
| AMX-30 主战坦克 | 162 |
| AMX-56 主战坦克 | 164 |
| AMX-VCI 装甲输送车 | 166 |
| AMX-10P 步兵战车 | 167 |
| AMX-10RC 装甲侦察车 | 169 |
| VBCI 步兵战车 | 171 |
| VBL 装甲车 | 173 |
| VAB 装甲车 | 174 |
| VBC-90 装甲车 | 175 |
| ERC 装甲车 | 176 |
| AML 装甲侦察车 | 177 |
| M3 装甲输送车 | 178 |
| VXB-170 装甲输送车 | 179 |
| "凯撒"自行榴弹炮 | 181 |

## 第6章 德国坦克与装甲车 183

| | |
|---|---|
| 一号轻型坦克 | 184 |
| 二号轻型坦克 | 185 |
| 三号中型坦克 | 186 |
| 四号中型坦克 | 187 |
| "豹"式中型坦克 | 188 |
| "虎"式重型坦克 | 189 |
| "虎王"重型坦克 | 191 |
| "鼠"式重型坦克 | 192 |
| "豹"1 主战坦克 | 193 |
| "豹"2 主战坦克 | 195 |
| "黄鼠狼"步兵战车 | 197 |
| "美洲狮"步兵战车 | 198 |
| SdKfz 250 半履带装甲车 | 199 |
| SdKfz 251 半履带装甲车 | 200 |
| "鼬鼠"空降战车 | 201 |
| "山猫"装甲侦察车 | 202 |
| "狐"式装甲侦察车 | 203 |
| "秃鹰"装甲输送车 | 204 |
| "拳击手"装甲输送车 | 205 |
| "野犬"全方位防护运输车 | 206 |
| "猎豹"坦克歼击车 | 207 |
| "猎虎"坦克歼击车 | 208 |
| "美洲豹"坦克歼击车 | 209 |
| "猎豹"自行高射炮 | 210 |
| PzH 2000 自行火炮 | 212 |

## 第7章 其他国家坦克与装甲车 215

| | |
|---|---|
| "豹"2E 主战坦克 | 216 |
| M13/40 中型坦克 | 218 |
| P-40 重型坦克 | 219 |
| OF-40 主战坦克 | 220 |
| "公羊"主战坦克 | 221 |

# 目录

| | | | | |
|---|---|---|---|---|
| "达多"步兵战车 | 223 | 96式装甲运兵车 | 261 |
| "半人马"坦克歼击车 | 224 | 轻装甲机动车 | 263 |
| "梅卡瓦"主战坦克 | 225 | 高机动车 | 264 |
| "阿奇扎里特"装甲运兵车 | 227 | 机动战斗车 | 265 |
| Strv 74主战坦克 | 228 | 16式机动战斗车 | 266 |
| Strv 103主战坦克 | 229 | 75式自行火箭炮 | 267 |
| CV90步兵战车 | 231 | 99式自行火炮 | 268 |
| Bv 206全地形装甲车 | 233 | 19式自行榴弹炮 | 270 |
| BvS 10全地形装甲车 | 234 | K1主战坦克 | 271 |
| Pz61主战坦克 | 235 | K2主战坦克 | 272 |
| Pz68主战坦克 | 236 | KIFV步兵战车 | 273 |
| "食人鱼"装甲车 | 237 | K21步兵战车 | 274 |
| SK-105轻型坦克 | 239 | K9自行火炮 | 275 |
| ASCOD装甲车 | 240 | "胜利"主战坦克 | 277 |
| "平茨高尔"高机动性全地形车 | 241 | "阿琼"主战坦克 | 278 |
| TAM主战坦克 | 242 | "卡普兰"中型坦克 | 279 |
| TR-85主战坦克 | 243 | **参考文献** | **280** |
| "大山猫"装甲车 | 244 | | |
| XA-188装甲运兵车 | 246 | | |
| M-84主战坦克 | 247 | | |
| M-95主战坦克 | 248 | | |
| 97式中型坦克 | 249 | | |
| 61式主战坦克 | 250 | | |
| 74式主战坦克 | 251 | | |
| 90式主战坦克 | 252 | | |
| 10式主战坦克 | 254 | | |
| 60式装甲运兵车 | 256 | | |
| 73式装甲运兵车 | 257 | | |
| 89式步兵战车 | 259 | | |

Tanks And
Armoured vehicles

第 1 章

# 坦克与装甲车杂谈

装甲车具有高度的越野机动性能，有一定的防护力和攻击力，通常分为履带式和轮式两种。坦克也是履带式装甲车的一种，只是习惯上因作战用途而独立分类。坦克是现代陆上作战的主要武器之一，具有强大的直射火力，同时拥有优秀的越野机动性和装甲防护力，并具有一定的潜渡能力。相比之下，装甲车的火力和防护力通常都弱于坦克。在用途上，坦克比较单一，主要用于压制反坦克武器、摧毁工事、歼灭敌方威胁较大的反抗力量等。而装甲车则是多面手，可执行运输、掩护、侦察、救援等多种任务。

## ★★★ 坦克与装甲车的历史

**1898年，**英国发明家弗雷德里克·西姆斯在四轮汽车上安装了装甲和机枪，制成了世界上第一辆带有武器的装甲车辆。20世纪初，英国、法国、德国、美国和俄国等国先后利用本国钢铁制造业和汽车工业的优越实力，制造出了世界上最早的装甲车。1900年，英国将装甲车投入到英布战争中。

▲ 弗雷德里克·西姆斯

▼ 法国制造的FT-17轻型坦克

**第一次世界大战（以下简称一战）** 中，堑壕和机枪彻底阻止了步兵的冲锋，以堑壕和机枪为核心的堑壕战登上了历史的舞台。尽管参战各国普遍装备了用普通卡车底盘改装的装甲车，但由于无法逾越面战场上纵横密布的战壕，因此只能用于执行侦察和袭击作战任务。

为了克制机枪的优势，打破战场的僵局，英国于1915年利用汽车、履带拖拉机、枪炮制造和冶金技术，试制了一辆被称为"小游民"的装甲车样车。为了保密，英国的研制人员称这种武器为"水柜"（Tank），其中文音译就是"坦克"。由于这辆样车的机动性能不能满足要求，英国又在1916年初制造了第二辆样车，并命名为"大游民"，该样车定型投产后称为Mark Ⅰ型坦克。这种坦克于1916年9月15日首次应用在索姆河战役上，在战场上表现出色，使参战各国大为震惊。

一战期间，英国又在Mark Ⅰ型坦克基础上，先后设计生产了Mark Ⅱ型至Mark Ⅴ型坦克，其中Mark Ⅳ型坦克的生产数量最多，参加了费莱尔、康布雷等著名战役，并一直使用到一战结束。与此同时，英国还设计生产了"赛犬"中型坦克、C型中型坦克等。

法国是继英国之后第二个生产坦克的国家，先后研制了"施纳德"突击坦克、"圣沙蒙"突击坦克、FT-17轻型坦克和Char 2C重型坦克。1917年，德国也开始制造A7V坦克。

由于一战以堑壕战为主，加上装甲车对道路有很大的依赖性，因此在一定程度上限制了装甲车的发展。但由于成本低廉，可靠性高，装甲车在一战中也有所发展。一战末期，英国研制出了装甲运兵车。虽然车上的装甲可使车内士兵免受枪弹的伤害，但习惯于徒步作战的步兵仍把首批装甲运兵车称为"沙丁鱼罐头"和"带轮的棺材"。

▼ 苏联在二战时期研制的T-34中型坦克

▼ 美国在二战时期研制的M24"霞飞"轻型坦克

**两次世界大战之间**，各国积极探索坦克的运用与编组方式，主要有两种主流意见。一种意见认为坦克应该是支援步兵的一个系统，因此需要搭配步兵部队的编制与作战型态，平均分配给步兵单位指挥调度。另一种意见则认为坦克应该要集中起来使用，利用坦克的火力、防护与机动力的三项特性作为战场上突破与攻坚的主力角色。

第二次世界大战（以下简称二战）爆发后，德军装备了大量坦克与装甲车，以闪电式快速机动作战横扫欧洲，令世界为之震惊，也再次唤醒了各国对坦克和装甲车的重视。战争初期，德军大量装备使用装甲运兵车，显著地提高了步兵的机动作战能力，并由于步兵可乘车伴随坦克进攻，也提高了坦克的攻击力。

1940～1942年间，英军在利比亚的作战行动更加引发了各国研制装甲车的热情。英国和美国率先开始大批生产装甲车，在地面战争中与德国展开决战。到1942年10月时，英国在中东地区的装甲车数量约有1500辆。战争中后期，苏德战场上曾多次出现有数千辆坦克参加的大会战。在北非战场、诺曼底战役以及远东战役中，也有大量坦克参战。战争期间，坦克经受了各种复杂条件下的战斗考验，成为地面作战的主要突击兵器。坦克与坦克、坦克与反坦克武器的激烈对抗，也促进了中型、重型坦克技术的迅速发展，坦克的结构形式趋于成熟，火力、机动、防护三大性能全面提高。

▼ 俄罗斯T-90主战坦克

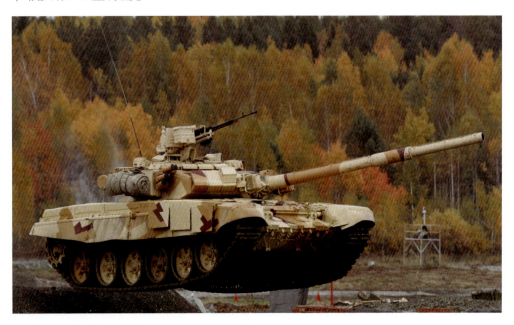

**二战后，**在欧洲国家中，德国、英国和法国一直非常重视轮式装甲车的发展。为满足作战时的使用需要，它们改变了两次世界大战期间利用卡车简单改造装甲车的做法，而是通过精心的设计，制造出一系列全新的车型。这些车型奠定了现代装甲车的基本构造样式。这一时期内，装甲运兵车得到迅猛发展，许多国家把装备装甲运兵车的数量看作是衡量陆军机械化、装甲化的标志之一。

与此同时，苏联、美国、英国、法国等国借鉴大战使用坦克的经验，设计制造了新一代坦克。20世纪60年代出现的一批战斗坦克，火力和综合防护能力达到或超过以往重型坦克的水平，同时克服了重型坦克机动性能差的弱点，从而停止了传统意义的重型坦克的发展，形成一种具有现代特征的战斗坦克，因此被称为主战坦克。

20世纪70年代以来，现代光学、电子计算机、自动控制、新材料、新工艺等方面的技术成就，日益广泛地应用于坦克与装甲车的设计和制造，使坦克与装甲车的总体性能有了显著提高，更加适应现代战争要求。而二战后的一些局部战争大量使用坦克和装甲车的战例和许多国家的军事演习表明，坦克与装甲车在现代高技术战争中仍将发挥重要作用。

▼ 英国"挑战者"2主战坦克

▼ 日本10式主战坦克

# ★★★ 坦克与装甲车的未来

## 追求轻量化

未来陆军应对的城市作战、反恐、防暴、维和等快速机动作战和低强度作战将越来越多，而反应和部署速度更快的轻型装甲车辆必将在其中发挥举足轻重的作用。正因为如此，轮式装甲战车才以其更快的反应速度、更便捷的部署和更灵活的行动等优势被各国重新重视起来。未来不论是履带式还是轮式装甲车辆，轻量化都将是一大重要发展趋势。轻量化还便于在必要时空运，提高战略机动性。

## 使用大功率推进系统

推进系统主要包括动力和传动装置，当前以德国MTU 890系列为代表的高功率密度发动机已经投入使用，未来更先进的高功率密度发动机也正在研制，与之相应的是各种大功率传动装置的研制成功。在不远的将来，装甲车辆可以通过高战术机动性快速改变行驶速度和路线，从而具备规避直瞄武器攻击的能力。

## 配备先进信息系统

装甲车辆配备先进的信息系统将使战场单向透明，使部队高效、合理地作战。同时，拥有信息优势就可以在战斗时选择有利的方式迎敌，扬长避短，这样等同于提高了装甲车辆的防护能力。未来的火控系统要进一步与信息系统整合，实现一体化，另外对于友方暂时无法摧毁的目标可以及时向指挥中心反应，以便呼叫炮火或空中支援。

## 作战任务专业化

未来装甲车辆应该是在一种底盘的基础上发展而来的车族，不同的任务可以选择不同的车辆去完成，用专业化的装备执行特定的任务，任务完成的效率会大大提升。由于底盘的通用化，后勤保障也更加轻松，各种衍生车型所搭载的设备也便于维修。如此一来，也有助于提高地面部队的推进速度。

## 强调主动防护

未来装甲车辆的整体防护更多的是由非装甲因素保证的，这些因素包括主动防护系统、信息化、高机动性和火力。目前，主动防护系统的发展势头较强，可以拦截的目标也越来越多，未来将会出现可以拦截空射制导武器的系统，装甲车辆的生存能力将大大加强。

## 引入新概念装备

目前，一些新概念装备（如电磁炮、电化学炮、电磁装甲等）已经进入试验阶段。未来还会出现许多新装备、新战法，只要是效费比合理，有助于取得战斗的胜利，都可以在战场上一试身手。

▲ 俄罗斯最新研制的T-14"阿玛塔"主战坦克

▼ 土耳其最新研制的"阿勒泰"主战坦克

## ★★★ 坦克与装甲车专业术语解析

### 滑膛炮和线膛炮

滑膛炮的炮管内没有膛线，一般这种炮的口径不会很大，但是可以发射炮射导弹，且造价低。滑膛炮与线膛炮的主要区别在于有没有膛线，而膛线的主要作用在于赋予弹头旋转的能力，使得弹头在出膛之后仍能保持既定的方向，以提高命中率。随着导弹的出现，大部分主战坦克都相继装备滑膛炮，但仍有少数坦克配备线膛炮。

▲ 采用120毫米滑膛炮的德国"豹"2主战坦克

### 铸造炮塔和焊接炮塔

铸造炮塔均为整体铸造成型，生产比较容易。铸造炮塔的各部分装甲是整体圆滑过渡的，炮塔各部分的厚度和倾斜角都得到合理配置，可以形成良好的防护外形，通过形体防护来提高装甲的抗弹能力。焊接炮塔是由多块匀质装甲板（或者铸件）焊接组成的，工艺比铸造炮塔复杂。焊接炮塔因为内部空间较大，而且夹层空间规整，有利于采用比较复杂的复合材料结构，通过不同材料以不同形式的组合来提高装甲抗弹能力。在采用复合装甲的情况下，焊接炮塔与铸造炮塔相比具有较大的优势，各国新研制的坦克多数都采用焊接炮塔。

### 同轴机枪

同轴机枪是与坦克的主炮并列安装、由炮长操纵进行射击的机枪，因与主炮同步转动而得名，也称为"同步机枪"或"并列机枪"。这种武器在战争中证明是非常有效的，因为可以大大加强坦克对轻型目标的反应能力，节省主炮弹药。

### 反应装甲

反应装甲是指坦克受到反坦克武器攻击时，能针对攻击做出反应的装甲。最常见的爆破反应装甲，就是在坦克外表安装一层炸药，当坦克受到如反坦克导弹攻击时，炸药引爆，对反坦克导弹进行干扰破坏。20世纪70年代末，以色列首先在装甲车辆上使用反应装甲。这种装甲以结构简单、廉价和显著提高防护能力等特点，显示出广阔的应用前景。

## 复合装甲

复合装甲是由两层以上不同性能的防护材料组成的非均质坦克装甲,一般来说,是由一种或者几种物理性能不同的材料,按照一定的层次比例复合而成,依靠各个层次之间物理性能的差异来干扰来袭弹丸(射流)的穿透,消耗其能量,并最终达到阻止弹丸(射流)穿透的目的。这种装甲分为金属与金属复合装甲、金属与非金属复合装甲以及间隔装甲三种,它们均具有较强的综合防护性能。

## 三防装置

三防装置用以保护乘员和车内机件免受或减轻核、化学和生物武器的杀伤和破坏。这种装置出现于20世纪50年代后期,60年代以来为大多数主战坦克所采用。三防装置由密封装置(密封组合件、自动关闭机构等)、滤毒通风装置和探测报警仪器等组成,通常分个人式和超压式两种。现代坦克一般采用超压式三防装置,还备有防毒面具等个人防护器材。

## 穿甲弹

穿甲弹是主要依靠弹丸强大的动能强行穿透装甲摧毁目标的炮弹,其特点为初速高,直射距离远,射击精度高,是坦克炮和反坦克炮的主要弹种。

▼ 装有反应装甲的俄罗斯T-80主战坦克

Tanks And
Armoured vehicles

第 2 章

# 美国坦克与装甲车

美国是世界上军事科技最为发达的国家之一，在坦克与装甲车的设计制造方面也实力雄厚。从二战至今，美国研制的坦克与装甲车不仅种类和数量众多，质量和作战性能也非常出色。

# M3"斯图亚特"轻型坦克

| 英语名称: | M3 Stuart |
|---|---|
| 研制国家: | 美国 |
| 制造厂商: | 美国车辆和铸造公司 |
| 重要型号: | M3、M3A1/A3、M5、M5A1 |
| 生产数量: | 22744辆 |
| 生产时间: | 1941~1944年 |
| 主要用户: | 美国陆军、英国陆军、巴西陆军 |

Tanks And Armoured Vehicles

| 基本参数 | |
|---|---|
| 长度 | 4.84米 |
| 宽度 | 2.23米 |
| 高度 | 2.56米 |
| 重量 | 15.2吨 |
| 最大速度 | 58千米/小时 |
| 最大行程 | 160千米 |

  **M3轻型坦克**是美国在二战中制造数量最多的轻型坦克,其车体前部和两侧装甲板为倾斜布置,车内由前至后分别为驾驶舱、战斗舱和动力舱。车内有4名乘员,其中驾驶员和前置机枪手位于驾驶舱内,驾驶员在左、机枪手居右。车体中部的战斗舱装有炮塔,车长和炮长在炮塔内,车长在右、炮长在左。动力舱位于车体的后部,发动机为风冷式汽油发动机。

  M3轻型坦克的车体较窄,因此主要武器的口径受到限制。另外,车体也相对较高,流线性差,整车目标大,给了敌人很大的射击面积。M3轻型坦克装备1门37毫米M5坦克炮,以及3挺7.62毫米M1919A4机枪(1挺与主炮并列,1挺在炮塔顶端,1挺在副驾驶座前方)。该坦克配有陀螺稳定器,可使37毫米M5坦克炮在行进中精准射击。

# M22"蝗虫"轻型坦克

| 英语名称：M22 Locust |
| --- |
| 研制国家：美国 |
| 制造厂商：玛蒙·哈宁顿公司 |
| 重要型号：M22 |
| 生产数量：830辆 |
| 生产时间：1942~1945年 |
| 主要用户：美国陆军、英国陆军、比利时陆军、埃及陆军 |

Tanks And Armoured Vehicles

| 基本参数 | |
| --- | --- |
| 长度 | 3.94米 |
| 宽度 | 2.16米 |
| 高度 | 1.85米 |
| 重量 | 7.4吨 |
| 最大速度 | 64千米/小时 |
| 最大行程 | 217千米 |

　　**M22轻型坦克**是美国在二战时期研制的空降轻型坦克,为了保证整车质量不超过7.5吨,其装甲厚度被大幅削减,导致防护力不强。该坦克采用铸造均质钢装甲炮塔,四周的装甲厚度为25毫米。车体为轧制钢装甲焊接结构,正面装甲最厚处为25毫米,其余部位为10~13毫米。

　　M22轻型坦克的机动性较强,变速箱为手动机械式,有4个前进挡和1个倒挡。悬挂装置为平衡式,每侧有4个负重轮和2个拖带轮,主动轮在前,诱导轮在后。该坦克的动力装置为1台六缸汽油发动机,功率为123千瓦。M22轻型坦克的主要武器是1门37毫米坦克炮,主要弹种为钨合金穿甲弹,备弹50发。辅助武器为1挺7.62毫米同轴机枪,备弹2500发。此外,车内还配有3支11.43毫米冲锋枪,用于乘员自卫。

# M24 "霞飞"轻型坦克

| 英语名称： | M24 Chaffee |
|---|---|
| 研制国家： | 美国 |
| 制造厂商： | 通用汽车公司 |
| 重要型号： | M24、M24E1 |
| 生产数量： | 4731辆 |
| 生产时间： | 1944～1945年 |
| 主要用户： | 美国陆军、英国陆军 |

| 基本参数 | |
|---|---|
| 长度 | 5.56米 |
| 宽度 | 3米 |
| 高度 | 2.77米 |
| 重量 | 18.4吨 |
| 最大速度 | 56千米/小时 |
| 最大行程 | 160千米 |

**M24轻型坦克**以"美国装甲兵之父"阿德纳·霞飞将军的名字命名，主要用于取代M3"斯图亚特"轻型坦克。该坦克有5名乘员，车长在炮塔左侧，炮长在炮塔左侧车长之前，装填手在炮塔右侧，驾驶员在车体左前方，副驾驶在车体右前方。M24轻型坦克的装甲较为薄弱，车身装甲厚度为13～25毫米，炮塔装甲厚度为13～38毫米。

M24轻型坦克的主炮为1门75毫米M6坦克炮，发射M61风帽穿甲弹在900米距离的穿甲厚度只有60毫米，在450米距离的穿甲厚度也只有70毫米。M6坦克炮的射速高达20发/分，但是不能持续太长时间。M24轻型坦克的辅助武器为2挺7.62毫米机枪和1挺12.7毫米机枪。动力装置方面，M24轻型坦克装有两台凯迪拉克44T24汽油发动机，单台功率为164千瓦。

▲ M24轻型坦克侧面视角

▼ 博物馆中的M24轻型坦克

# M41 "华克猛犬" 轻型坦克

| 英语名称 | M41 Walker Bulldog |
|---|---|
| 研制国家 | 美国 |
| 制造厂商 | 通用汽车公司 |
| 重要型号 | M41、M41A1/A2/A3 |
| 生产数量 | 5500辆 |
| 生产时间 | 1951~1961年 |
| 主要用户 | 美国陆军、奥地利陆军、比利时陆军、巴西陆军 |

| 基本参数 | |
|---|---|
| 长度 | 5.82米 |
| 宽度 | 3.2米 |
| 高度 | 2.71米 |
| 重量 | 23.5吨 |
| 最大速度 | 72千米/小时 |
| 最大行程 | 161千米 |

　　**M41轻型坦克**由M24轻型坦克改进而成，加强了火力，重新设计了炮塔、防盾、弹药储存、双向稳定器及火控系统，并提高了机动性，但防护仍然较弱。该坦克是美国第一种主动轮后置的轻型坦克，车体用钢板焊接，炮塔则是铸造而成。车体前上甲板倾角60度、厚25.4毫米，火炮防盾厚38毫米，炮塔正前面厚25.4毫米。

　　M41轻型坦克装有1门76毫米M32坦克炮，可发射榴弹、破甲弹、穿甲弹、榴霰弹、黄磷发烟弹等多种弹药，弹药基数为57发。火炮左侧有1挺7.62毫米M1919A4E1同轴机枪，炮塔顶的机枪架上还装有1挺12.7毫米 M2HB高射机枪。该坦克采用美国大陆发动机公司的AOS 895-3汽油发动机，功率为373千瓦。车体每侧有5个负重轮，独立式扭杆悬挂，并在第一、二、五负重轮位置安装液压减震器。

▲ M41轻型坦克侧面视角

▼ 博物馆中的M41轻型坦克

# M551 "谢里登" 轻型坦克

| 英语名称： | M551 Sheridan |
|---|---|
| 研制国家： | 美国 |
| 制造厂商： | 通用汽车公司 |
| 重要型号： | M551、M551A1、M551 NTC |
| 生产数量： | 1700辆 |
| 生产时间： | 1966～1970年 |
| 主要用户： | 美国陆军 |

| 基本参数 | |
|---|---|
| 长度 | 6.3米 |
| 宽度 | 2.8米 |
| 高度 | 2.3米 |
| 重量 | 15.2吨 |
| 最大速度 | 70千米/小时 |
| 最大行程 | 560千米 |

　　**M551轻型坦克**的车身主要采用铝合金制造，主要部位加装钢制装甲，车身前方是驾驶舱，车身中央是钢铸炮塔，为了增加防护力而被设计成贝壳形，凭借曲面弧度令来袭炮弹滑开。炮塔内可容纳3人，车长和炮手在炮塔内右侧，装填手在左侧。车身中部是战斗舱，后部是动力舱。该坦克有5对负重轮，主动轮后置，诱导轮前置，无托带轮。负重轮为中空结构，以增加浮力。第一、五负重轮安装液压减震器。

　　M551轻型坦克的主炮是1门152毫米M81滑膛炮，能发射多用途强压弹、榴弹、黄磷发烟弹和曳光弹，还能发射MGM-51A反坦克导弹。该坦克的辅助武器是1挺7.62毫米M73同轴机枪和1挺12.7毫米M2重机枪。M551轻型坦克可以用C-130运输机空运和空投，在空投时会被固定在一块铝制底板上。

▲ M551轻型坦克侧面视角

▼ M551轻型坦克侧前方视角

# M3 "格兰特/李" 中型坦克

| 英语名称： | M3 Grant/Lee |
|---|---|
| 研制国家： | 美国 |
| 制造厂商： | 岩岛兵工厂 |
| 重要型号： | M3、M3A1/A2/A3/A4/A5 |
| 生产数量： | 6258辆 |
| 生产时间： | 1941～1942年 |
| 主要用户： | 美国陆军、英国陆军、巴西陆军、澳大利亚陆军、加拿大陆军 |

| 基本参数 | |
|---|---|
| 长度 | 5.64米 |
| 宽度 | 2.72米 |
| 高度 | 3.12米 |
| 重量 | 27吨 |
| 最大速度 | 42千米/小时 |
| 最大行程 | 193千米 |

　　**M3中型坦克**的外形和结构有很多与众不同的地方，其车体较高，炮塔呈不对称布置，有两门主炮，车体的侧面开有舱门，采用平衡式悬挂装置，主动轮前置。该坦克使用赖特R975 EC2星型发动机，功率为250千瓦。由于车身较为高大，因此车内空间比较充足。随之而来的问题是车体各侧面的投影面积较大，容易被发现并瞄准。另外，安装在车身的75毫米主炮射击范围有限，可全方位射击的37毫米主炮又威力不足。

　　M3中型坦克的主要武器为1门75毫米M2坦克炮，安装在宽大车身的右方（后期换装炮管较长的M3坦克炮），由1名炮手及1名装填手操作。驾驶席的左边安装2挺固定机枪。驾驶席后装有一座双人炮塔，车长及1名炮手负责使用炮塔内的1门37毫米M5坦克炮（或M6坦克炮），以及1挺同轴机枪。由于车内武器众多，所以乘员足足有7人。

# M4 "谢尔曼" 中型坦克

| | |
|---|---|
| 英语名称： | M4 Sherman |
| 研制国家： | 美国 |
| 制造厂商： | 底特律坦克兵工厂 |
| 重要型号： | M4、M4A1/A2/A3/A4/A6 |
| 生产数量： | 49234辆 |
| 生产时间： | 1941~1945年 |
| 主要用户： | 美国陆军、英国陆军、巴西陆军、乌拉圭陆军 |

| 基本参数 | |
|---|---|
| 长度 | 5.84米 |
| 宽度 | 3.0米 |
| 高度 | 2.74米 |
| 重量 | 30.3吨 |
| 最大速度 | 48千米/小时 |
| 最大行程 | 193千米 |

　　**M4中型坦克**早期装备1门75毫米M3坦克炮，能够在1000米距离上击穿62毫米钢板，后期型号在1000米距离上的穿甲能力增强到89毫米。该坦克的炮塔转动装置是二战时期最快的，转动一周的时间不到10秒。M4中型坦克还是二战时极少数装备了垂直稳定器的坦克，能够在行进中瞄准目标开炮。

　　M4中型坦克的正面和侧面装甲厚50毫米，正面有47度斜角，防护效果相当于70毫米，侧面则没有斜角。炮塔正面装甲厚88毫米。德军四号坦克在1000米以外、"虎"式和"豹"式坦克在2000米以外，就能击穿M4中型坦克的正面装甲。此外，M4中型坦克车身瘦高，很容易成为德军坦克的攻击目标。不过，M4中型坦克的机动能力不错，而且动力系统坚固耐用，只要定期进行最基本的野战维护即可，无须返厂大修。

# M46"巴顿"中型坦克

| 英语名称 | M46 Patton |
|---|---|
| 研制国家 | 美国 |
| 制造厂商 | 底特律坦克兵工厂 |
| 重要型号 | M46、M46A1 |
| 生产数量 | 1160辆 |
| 生产时间 | 1949～1957年 |
| 主要用户 | 美国陆军 |

| 基本参数 | |
|---|---|
| 长度 | 8.48米 |
| 宽度 | 3.51米 |
| 高度 | 3.18米 |
| 重量 | 48.5吨 |
| 最大速度 | 48千米/小时 |
| 最大行程 | 130千米 |

**M46中型坦克**是二战后美国研制的第一种坦克,也是第一代"巴顿"坦克。该坦克由M26"潘兴"重型坦克改进而来,两者的主要区别在于火炮、发动机和传动装置。M46中型坦克的发动机为大陆AV-1790-5汽油发动机,功率为595千瓦。发动机采用了两套独立的点火与供给系统,保证了可靠性。M46中型坦克的传动装置为艾利森CD-850-4液力机械传动装置,由于采用了液力变矩器和双功率流转向机构,坦克起步平稳,加速性能好,操纵轻便。

M46中型坦克的主要武器是1门90毫米M3A1坦克炮,辅助武器为1挺12.7毫米M2机枪和2挺7.62毫米M1919A4机枪。M46中型坦克曾参加20世纪50年代的局部战争,在战斗中无法有效地对付苏制T-34中型坦克。

▲ M46中型坦克侧前方视角

▼ M46中型坦克正面视角

# M47 "巴顿" 中型坦克

| 英语名称：M47 Patton |
|---|
| 研制国家：美国 |
| 制造厂商：底特律坦克兵工厂 |
| 重要型号：M47、M47M/E/E1/E2/ER3 |
| 生产数量：9000辆 |
| 生产时间：1951~1953年 |
| 主要用户：美国陆军、法国陆军、意大利陆军、西班牙陆军、土耳其陆军 |

| 基本参数 ||
|---|---|
| 长度 | 8.51米 |
| 宽度 | 3.51米 |
| 高度 | 3.35米 |
| 重量 | 44.1吨 |
| 最大速度 | 60千米/小时 |
| 最大行程 | 160千米 |

**M47中型坦克**是传统的炮塔型坦克，车体由装甲钢板和铸造装甲部件焊接而成，并带有加强筋，前部是驾驶舱，中部是战斗舱，后部是动力舱。铸造炮塔位于车体中央，车长和炮长位于炮塔内火炮右侧，装填手在左侧。该坦克装甲厚度最大为115毫米，车内没有三防装置。车身两侧各有6个负重轮和3个托带轮，诱导轮在前，主动轮在后。第一、二、五、六负重轮处装有液压减震器。

M47中型坦克的主要武器是1门90毫米M36火炮，炮口装有T形或圆筒形消焰器，有炮管抽气装置。炮塔可360度旋转，火炮俯仰范围是-5度~+19度，有效反坦克射程是2000米，能发射穿甲弹、榴弹、教练弹和烟幕弹等多种炮弹，炮管寿命是700发。该坦克的辅助武器为2挺12.7毫米M2机枪和1挺7.62毫米M1919A4机枪。

▲ M47中型坦克侧前方视角

▼ M47中型坦克正面视角

# M48 "巴顿" 中型坦克

| 英语名称：M48 Patton |
|---|
| 研制国家：美国 |
| 制造厂商：克莱斯勒汽车公司 |
| 重要型号：M48、M48A1/A2/A3/A4/A5 |
| 生产数量：12000辆 |
| 生产时间：1952～1959年 |
| 主要用户：美国陆军、西班牙陆军、土耳其陆军、希腊陆军 |

| 基本参数 | |
|---|---|
| 长度 | 9.3米 |
| 宽度 | 3.65米 |
| 高度 | 3.1米 |
| 重量 | 45吨 |
| 最大速度 | 48千米/小时 |
| 最大行程 | 480千米 |

　　**M48中型坦克**采用整体铸造炮塔和车体，车体前部为船形，内有焊接加强筋，车体底甲板上有安全门。车体分前部驾驶舱、中部战斗舱和尾部动力舱，动力舱和战斗舱间用隔板分开。驾驶员位于车体前部中央，而炮塔内有3名乘员，车长和炮长位于火炮右侧，炮长在车长前下方，装填手在火炮左侧。M48中型坦克无需准备即可涉水1.2米深，装潜渡装置潜深达4.5米。潜渡前所有开口均要密封，潜渡时需要打开排水泵。

　　M48中型坦克的主要武器是1门90毫米M41坦克炮，俯仰范围为-9度～+19度，炮管前端有一个圆筒形抽气装置，炮口有导流反射式制退器，有电击式击发机构，炮管寿命为700发。主炮左侧安装1挺7.62毫米M73式同轴机枪，车长指挥塔上安装1挺12.7毫米M2式高射机枪，可在指挥塔内瞄准射击。

▲ M48中型坦克侧前方视角

▼ M48中型坦克侧面视角

# M26 "潘兴" 重型坦克

| 英语名称： | M26 Pershing |
|---|---|
| 研制国家： | 美国 |
| 制造厂商： | 底特律坦克兵工厂 |
| 重要型号： | M26、M26A1/E1/E2 |
| 生产数量： | 2212辆 |
| 生产时间： | 1944～1945年 |
| 主要用户： | |
| 美国陆军、英国陆军、法国陆军 | |

| 基本参数 | |
|---|---|
| 长度 | 8.65米 |
| 宽度 | 3.51米 |
| 高度 | 2.78米 |
| 重量 | 41.9吨 |
| 最大速度 | 40千米/小时 |
| 最大行程 | 161千米 |

  **M26重型坦克**为传统的炮塔式坦克，车内由前至后分为驾驶室、战斗室和发动机室。车体为焊接结构，其侧面、顶部和底部都是轧制钢板，而前面、后面及炮塔则是铸造而成。车体前上装甲板厚120毫米，前下装甲板厚76毫米。侧装甲板前部厚76毫米，后部厚51毫米。炮塔前装甲板厚102毫米，侧面和后部装甲板厚76毫米，防盾厚114毫米。车内设有专用加温器，供驾驶室和战斗室的乘员取暖。

  M26重型坦克装备的90毫米M3坦克炮穿透力极强，能在1000米穿透147毫米厚的装甲，虽然比起德国"虎王"坦克和苏联IS系列坦克等重型坦克仍有一定差距，但已足够击穿当时大多数坦克的装甲。M3坦克炮可使用多种弹药，弹药基数为70发。该坦克的辅助武器是1挺12.7毫米高射机枪（备弹550发）和2挺7.62毫米机枪（各备弹2500发）。

▲ M26重型坦克右侧视角

▼ M26重型坦克左侧视角

# M103 重型坦克

| | |
|---|---|
| 英语名称： | M103 Heavy Tank |
| 研制国家： | 美国 |
| 制造厂商： | 克莱斯勒汽车公司 |
| 重要型号： | M103、M103A1/A2 |
| 生产数量： | 300辆 |
| 生产时间： | 1951～1964年 |
| 主要用户： | 美国陆军、美国海军陆战队 |

| 基本参数 | |
|---|---|
| 长度 | 6.91米 |
| 宽度 | 3.71米 |
| 高度 | 3.2米 |
| 重量 | 59吨 |
| 最大速度 | 34千米/小时 |
| 最大行程 | 480千米 |

　　**M103重型坦克**的车体为铸造钢装甲焊接结构，车体正面装甲厚度为110～127毫米，侧面装甲厚度为76毫米，后面装甲厚度为25毫米。炮塔为铸造件，但尾舱底面为焊接结构，炮塔各部位的装甲厚度达114毫米，火炮防盾的装甲厚度更达到了178毫米。在M1"艾布拉姆斯"主战坦克出现之前，M103重型坦克一直是美军装甲最厚的坦克。

　　M103重型坦克的主要武器是1门120毫米M58线膛炮，采用立式炮闩，有双气室炮口制退器和炮膛抽烟装置，高低射界为-8度～+15度，由液压机构操纵。该炮采用分装式弹药，弹种有穿甲弹、榴弹和黄磷弹，也可发射破甲弹，弹药基数38发。M103重型坦克的辅助武器是2挺7.62毫米同轴机枪和1挺12.7毫米高射机枪（可在指挥塔内由车长遥控操纵射击），弹药基数分别为5250发和1000发。

# M60"巴顿"主战坦克

| 英语名称: | M60 Patton |
| --- | --- |
| 研制国家: | 美国 |
| 制造厂商: | 克莱斯勒汽车公司 |
| 重要型号: | M60、M60A1/A3 |
| 生产数量: | 15000辆 |
| 生产时间: | 1960~1987年 |
| 主要用户: | 美国陆军、意大利陆军、以色列陆军、埃及陆军、土耳其陆军 |

Tanks And Armoured Vehicles
★★☆

| 基本参数 | |
| --- | --- |
| 长度 | 6.95米 |
| 宽度 | 3.63米 |
| 高度 | 3.21米 |
| 重量 | 46吨 |
| 最大速度 | 48千米/小时 |
| 最大行程 | 480千米 |

　　**M60主战坦克**是美国陆军第四代也是最后一代"巴顿"坦克,同时也是美国第一种严格意义上的主战坦克。该坦克是传统的炮塔型主战坦克,分为车体和炮塔两部分。车体分为前部驾驶舱、中部战斗舱和后部动力舱,动力舱和战斗舱用防火隔板分开。在潜渡时,M60主战坦克要在车长指挥塔上架设2.4米高的通气筒。车体前部可以安装M9推土铲,用于准备发射阵地或清理障碍。

　　M60主战坦克采用1门105毫米线膛炮,最大射速可达6~8发/分。该炮可使用脱壳穿甲弹、榴弹、破甲弹、碎甲弹和发烟弹在内的多种弹药,全车载弹63发。M60主战坦克的辅助武器为1挺12.7毫米防空机枪和1挺7.62毫米同轴机枪,分别备弹900发和5950发。此外,炮塔两侧各装有1组六联装烟幕弹/榴弹发射器。

▲ M60主战坦克侧前方视角

▼ M60主战坦克正面视角

# M1"艾布拉姆斯"主战坦克

| 英语名称 | M1 Abrams |
|---|---|
| 研制国家 | 美国 |
| 制造厂商 | 通用动力公司 |
| 重要型号 | M1、M1A1/A2 |
| 生产数量 | 10000辆以上 |
| 生产时间 | 1979年至今 |
| 主要用户 | 美国陆军、美国海军陆战队、澳大利亚陆军、伊拉克陆军、埃及陆军 |

| 基本参数 | |
|---|---|
| 长度 | 9.77米 |
| 宽度 | 3.66米 |
| 高度 | 2.44米 |
| 重量 | 66.8吨 |
| 最大速度 | 67千米/小时 |
| 最大行程 | 426千米 |

**M1主战坦克**的炮塔为钢板焊接制造，构型低矮而庞大，装甲厚度从12.5毫米到125毫米不等，正面与侧面都设有倾斜角度来增加防护能力，故避弹能力大为增加。M1主战坦克的车体正面与炮塔正面加装了陶瓷复合装甲，车内安装了集体式三防系统，具备核生化环境下的作战能力。该坦克有4名乘员，包括车长、驾驶、炮手与装填手。

M1主战坦克最初配备1门105毫米线膛炮，从M1A1开始改用德国莱茵金属公司的120毫米M256滑膛炮。该炮可发射多种弹药，包括M829A2脱壳穿甲弹和M830破甲弹，其中M829A2脱壳穿甲弹在1000米距离上可穿透780毫米装甲。M1主战坦克的辅助武器为1挺12.7毫米机枪和2挺7.62毫米同轴机枪。此外，炮塔两侧还装有八联装L8A1烟幕榴弹发射器。

▲ M1主战坦克开火瞬间

▼ M1主战坦克正面视角

## M3 半履带装甲车

| 英语名称: | M3 Half-track Car |
| --- | --- |
| 研制国家: | 美国 |
| 制造厂商: | 怀特汽车公司 |
| 重要型号: | M3、M3A1/A2 |
| 生产数量: | 43000辆 |
| 生产时间: | 1942～1945年 |
| 主要用户: | 美国陆军、英国陆军、土耳其陆军、加拿大陆军 |

Tanks And Armoured Vehicles
★★★

### 基本参数

| | |
| --- | --- |
| 长度 | 6.17米 |
| 宽度 | 2.22米 |
| 高度 | 2.26米 |
| 重量 | 9.1吨 |
| 最大速度 | 72千米/小时 |
| 最大行程 | 320千米 |

**M3半履带装甲车**是美国在二战及冷战时期使用的半履带装甲人员输送车,以M3装甲侦察车和M2半履带装甲车为基础改进而来,有着比M2半履带装甲车更长的车体,在车尾有一个进出口,并设有可承载13人步兵班的座位。座位底下设有置物架,用来放弹药及补给。座位后方还有额外的架子,用以放置步枪及其他物品。车体外履带上方也设有个小架子,用以存放地雷。

M3半履带装甲车的车轮用于转向,而履带用于驱动,可以胜任多种任务,既可装载士兵,还可以拖曳火炮,或作为火力平台。早期型的M3半履带装甲车在前座后方装有1挺12.7毫米M2重机枪,之后M3进一步升级为M3A1,为机枪设置了有装甲保护的射击平台,并在乘员座位旁架设了两挺7.62毫米机枪。

# M113 装甲运兵车

| 英语名称: | M113 Armored Personnel Carrier |
|---|---|
| 研制国家: | 美国 |
| 制造厂商: | 食品机械化学公司 |
| 重要型号: | M113、M113A1/A2/A3 |
| 生产数量: | 80000辆 |
| 生产时间: | 1960～1989年 |
| 主要用户: | 美国陆军、土耳其陆军、意大利陆军、埃及陆军、以色列陆军 |

Tanks And Armoured Vehicles ★★☆

| 基本参数 | |
|---|---|
| 长度 | 4.86米 |
| 宽度 | 2.69米 |
| 高度 | 2.5米 |
| 重量 | 10.4吨 |
| 最大速度 | 67.6千米/小时 |
| 最大行程 | 320千米 |

**M113装甲运兵车**是美国于20世纪50年代研制的装甲运兵车,因便宜、好用、改装方便而被世界上许多国家采用。该车采用全履带配置,有部分两栖能力,也有越野能力,在公路上可以高速行驶。该车只需要两名乘员(驾驶员和车长),后舱可以运送11名步兵。M113装甲运兵车使用航空铝材制造,整车质量较轻,但拥有与钢铁同级的防护力,而且可以使用较轻的小功率发动机。该车采用扭杆悬挂,每侧有5个负重轮,主动轮在前,诱导轮在后,没有托带轮。

M113装甲运兵车的衍生型较多,可以担任运输到火力支援等多种角色。一般来说,M113装甲运兵车的主要武器是1挺12.7毫米M2重机枪,由车长操作。此外,也可以加装40毫米Mk 19自动榴弹发射器、反坦克无后坐力炮甚至反坦克导弹等武器。

# AIFV 步兵战车

| | |
|---|---|
| 英语名称： | Armored Infantry Fighting Vehicle |
| 研制国家： | 美国 |
| 制造厂商： | 食品机械化学公司 |
| 重要型号： | AIFV-B、YPR-765、AIFV-25 |
| 生产数量： | 7000辆 |
| 生产时间： | 1970~1980年 |
| 主要用户： | 美国陆军、荷兰陆军、菲律宾陆军、比利时陆军 |

| 基本参数 | |
|---|---|
| 长度 | 5.26米 |
| 宽度 | 2.82米 |
| 高度 | 2.62米 |
| 重量 | 13.6吨 |
| 最大速度 | 61千米/小时 |
| 最大行程 | 490千米 |

　　**AIFV步兵战车**是美国于20世纪70年代制造的履带式步兵战车，其车体采用铝合金焊接结构，车体及炮塔都披挂有间隙钢装甲，用螺栓与主装甲连接。这种间隙装甲中充填有网状的聚氨酯泡沫塑料，重量较轻，并有利于提高车辆水上行驶时的浮力。为了避免意外事故，车内单兵武器在射击时都有支架。驾驶员在车体前部左侧，在其前方和左侧有4具M27昼间潜望镜，中间1具可换成被动式夜间驾驶仪。车长在驾驶员后方，有5具潜望镜。

　　AIFV步兵战车的主要武器为1门25毫米KBA-B02机炮，备弹320发。机炮左侧有1挺7.62毫米FN同轴机枪，备弹1840发。此外，车体前部还有6具烟幕弹发射器。AIFV步兵战车的舱内有废弹壳搜集袋，以防止射击后抛出的弹壳伤害邻近的步兵。

# M2"布雷德利"步兵战车

| | |
|---|---|
| 英语名称: | M2 Bradley |
| 研制国家: | 美国 |
| 制造厂商: | 食品机械化学公司 |
| 重要型号: | M2、M2A1/A2/A3 |
| 生产数量: | 7000辆以上 |
| 生产时间: | 1981年至今 |
| 主要用户: | 美国陆军、沙特阿拉伯陆军 |

| 基本参数 | |
|---|---|
| 长度 | 6.55米 |
| 宽度 | 3.6米 |
| 高度 | 2.98米 |
| 重量 | 27.6吨 |
| 最大速度 | 66千米/小时 |
| 最大行程 | 483千米 |

**M2步兵战车**的车体为铝合金装甲焊接结构,其装甲可以抵抗14.5毫米枪弹和155毫米炮弹破片。其中,车首前上装甲、顶装甲和侧部倾斜装甲采用铝合金,车首前下装甲、炮塔前上部和顶部为钢装甲,车体后部和两侧垂直装甲为间隙装甲。间隙装甲由外向内的各层依次为6.35毫米钢装甲、25.4毫米间隙、6.35毫米钢装甲、88.9毫米间隙和25.4毫米铝装甲背板,总厚度达152.4毫米。

M2步兵战车的主要武器是1门M242"大毒蛇"25毫米机炮,射速有单发、100发/分、200发/分、500发/分四种,可由射手选择。M2步兵战车的辅助武器为1挺7.62毫米同轴机枪,还有1具BGM-71"陶"式反坦克导弹发射器。除3名车组人员外,M2步兵战车最多可以搭载7名乘员。

▲ M2步兵战车侧前方视角

▼ 行驶中的M2步兵战车

# AAV-7A1 两栖装甲车

| 英语名称：AAV-7A1 |
|---|
| 研制国家：美国 |
| 制造厂商：食品机械化学公司 |
| 重要型号：AAVP-7A1、AAVC-7C1、AAVR-7R1 |
| 生产数量：2000辆 |
| 生产时间：1972～1980年 |
| 主要用户：美国海军陆战队、韩国海军陆战队、西班牙海军陆战队、泰国海军陆战队 |

### 基本参数

| | |
|---|---|
| 长度 | 7.94米 |
| 宽度 | 3.27米 |
| 高度 | 3.26米 |
| 重量 | 22.8吨 |
| 最大速度 | 72千米/小时 |
| 最大行程 | 480千米 |

**AAV-7A1两栖装甲车**是美国海军陆战队的主要两栖兵力运输工具，可从两栖登陆舰艇上运输登陆部队及其装备上岸。登陆上岸后，可作为装甲运兵车使用，为部队提供战场火力支援。该车主要有三种型号，即AAVP-7A1人员运输车、AAVC-7C1指挥车和AAVR-7R1救援车。相较于M2步兵战车，AAV-7A1系列装甲车的主要缺点是防护力薄弱。

AAVP-7A1人员运输车是AAV-7A1两栖装甲车最主要的车型，拥有运载25名全副武装的陆战队员的能力。AAVP-7A1有3名车组人员，分别是车长、驾驶和炮手。AAVP-7A1的主要武器是1门40毫米Mk 19自动榴弹发射器，辅助武器是1挺12.7毫米M2HB重机枪，此外还能安装Mk 154地雷清除套件，可以发射3条内含炸药的导爆索，以清除沙滩上可能埋藏的地雷或其他障碍物。

第 2 章 美国坦克与装甲车

# M3 装甲侦察车

| 英语名称: | M3 Scout Car |
| --- | --- |
| 研制国家: | 美国 |
| 制造厂商: | 怀特汽车公司 |
| 重要型号: | M3、M3A1/A1E1/A1E2/A1E3 |
| 生产数量: | 21000辆 |
| 生产时间: | 1938~1944年 |
| 主要用户: | 美国陆军、美国海军陆战队、英国陆军 |

Tanks And Armoured Vehicles

| 基本参数 | |
| --- | --- |
| 长度 | 5.6米 |
| 宽度 | 2米 |
| 高度 | 2米 |
| 重量 | 4吨 |
| 最大速度 | 89千米/小时 |
| 最大行程 | 403千米 |

　　**M3装甲侦察车**是美国在二战时期研制的轮式装甲侦察车，主要用于巡逻、侦察、指挥、救护和火炮牵引等用途。该车通常可搭载8人，即1名驾驶员和7名乘客。由于M3装甲侦察车采用开放式车壳，令其防护能力低，四轮设计对山地及非平地的适应能力不足，美国陆军在1943年开始以M8轻型装甲车和M20通用装甲车将之取代，只有小量的M3装甲侦察车服役于诺曼底及太平洋战场的美国海军陆战队二线部队。

　　M3装甲侦察车通常装有1挺12.7毫米M2重机枪，以及2挺7.62毫米M1919机枪。改进型M3A1E3加装了1门37毫米M3火炮，但没有量产。二战后，大部分M3装甲侦察车被卖至亚洲和拉丁美洲国家，以色列在独立战争中也有采用，少数甚至加装了顶部装甲和旋转式炮塔。

# M8"灰狗"轻型装甲车

| 英语名称： | M8 Greyhound |
|---|---|
| 研制国家： | 美国 |
| 制造厂商： | 福特汽车公司 |
| 重要型号： | M8、M8E1 |
| 生产数量： | 8500辆 |
| 生产时间： | 1943～1945年 |
| 主要用户： | 美国陆军、英国陆军、法国陆军、土耳其陆军 |

Tanks And Armoured Vehicles

| 基本参数 ||
|---|---|
| 长度 | 5米 |
| 宽度 | 2.53米 |
| 高度 | 2.26米 |
| 重量 | 7.8吨 |
| 最大速度 | 89千米/小时 |
| 最大行程 | 560千米 |

**M8轻型装甲车**有4名乘员，包括车长、炮手兼装填手、无线电通信员（有时兼作驾驶员）及驾驶员，驾驶员和无线电通信员的座位在车体前端，可打开装甲板直接观察路面环境，车长位于炮塔右方，炮手则位于炮塔正中间。M8轻型装甲车速度高但装甲薄弱，37毫米火炮对德军坦克及新型装甲车的正面装甲已欠缺有效攻击力，因此比较适合侦察用途。

M8轻型装甲车的主要武器为1门37毫米M6火炮（配M70D望远式瞄准镜），辅助武器为1挺7.62毫米M1919同轴机枪和1挺安装在开放式炮塔上的12.7毫米M2防空机枪。M8轻型装甲车为六轮驱动，机动性能比较出色，最大越野速度48千米/小时，最大公路速度为89千米/小时，涉水深度为0.6米，越墙高度为0.3米。

## T17"猎鹿犬"装甲车

| 英语名称 | T17 Deerhound |
|---|---|
| 研制国家 | 美国 |
| 制造厂商 | 福特汽车公司 |
| 重要型号 | T17、T17E1/E2/E3 |
| 生产数量 | 3844辆 |
| 生产时间 | 1942～1944年 |
| 主要用户 | 美国陆军、英国陆军、澳大利亚陆军、加拿大陆军、新西兰陆军 |

| 基本参数 ||
|---|---|
| 长度 | 5.54米 |
| 宽度 | 2.59米 |
| 高度 | 2.3米 |
| 重量 | 14.5吨 |
| 最大速度 | 97千米/小时 |
| 最大行程 | 560千米 |

**T17"猎鹿犬"装甲车**是美国在二战时期研制的轮式装甲车,虽然没有被美军运用于前线战场,但其改进型T17E1被英联邦国家广泛采用。T17装甲车没有底盘,动力装置为两台6汽缸的GMC 270发动机,单台功率为67千瓦。该车有可协调两个驱动轴的自动变速器,两个发动机可以独立关闭。T17装甲车的指挥型拆掉了炮塔,改为加装无线通信装置。

T17和T17E1在转动炮塔上装有1门37毫米主炮,电动炮塔转向系统使主炮更稳定,辅助武器为1挺7.62毫米同轴机枪和1挺7.62毫米车头机枪。防空型T17E2 在T17E1的基础上加装了1座双联装12.7毫米M2重机枪炮塔。T17E3则装有1门75毫米M2/M3榴弹炮。总的来说,T17装甲车具有较强的火力,机动性能也较为出色,最大行程超过了700千米。

# V-100 轻型装甲车

| 英语名称: | V-100 Light Armored Vehicle |
|---|---|
| 研制国家: | 美国 |
| 制造厂商: | 凯迪拉克·盖奇汽车公司 |
| 重要型号: | V-100、V-150、V-200 |
| 生产数量: | 4000辆 |
| 生产时间: | 1963～1970年 |
| 主要用户: | 美国陆军、黎巴嫩陆军、沙特阿拉伯陆军 |

Tanks And Armoured Vehicles
★★☆

| 基本参数 | |
|---|---|
| 长度 | 5.69米 |
| 宽度 | 2.26米 |
| 高度 | 2.54米 |
| 重量 | 9.8吨 |
| 最大速度 | 100千米/小时 |
| 最大行程 | 643千米 |

**V-100装甲车**是美国研制的两栖四轮驱动轻型装甲车,可以充当多种角色,包括装甲运兵车、救护车、反坦克车和迫击炮载体等。该车使用无气战斗实心胎,可以在水中以4.8千米/小时的速度前进。V-100装甲车采用高硬度合金钢装甲,可以抵挡7.62×51毫米枪弹。由于合金钢装甲提供了单体结构框架,V-100装甲车的重量轻于加上装甲的普通车辆,另外装甲的倾斜角度也有助于防止枪弹和地雷爆炸而穿透装甲。

V-100装甲车的主要武器是1门90毫米Mk 3火炮,辅助武器为1挺20毫米榴弹枪和1挺7.62毫米机枪。V-100装甲车也可以不装炮塔,作为迫击炮载台,也可以安装5挺机枪作为装甲运兵车或步兵战斗车。V-100装甲车最多可搭载12名乘员,乘员可以利用自己的个人武器由各射击口向外射击。

# LAV-25 轻型装甲车

| | |
|---|---|
| 英语名称: | LAV-25 Light Armored Vehicle |
| 研制国家: | 美国 |
| 制造厂商: | 通用汽车公司 |
| 重要型号: | LAV-25、LAV-25A1/A2 |
| 生产数量: | 750辆 |
| 生产时间: | 1983～1985年 |
| 主要用户: | 美国海军陆战队 |

| 基本参数 | |
|---|---|
| 长度 | 6.39米 |
| 宽度 | 2.5米 |
| 高度 | 2.69米 |
| 重量 | 12.8吨 |
| 最大速度 | 100千米/小时 |
| 最大行程 | 660千米 |

　　**LAV-25装甲车**是通用汽车公司为美国海军陆战队制造的轮式装甲车,其车体和炮塔均采用装甲钢焊接结构,正面能抵御7.62毫米穿甲弹,其他部位能抵御7.62毫米杀伤弹和炮弹破片。驾驶员位于车体前部左侧,炮塔居中,内有车长与炮手的位置,载员舱在车体后部。LAV-25装甲车采用6V-53T涡轮增压柴油机,功率为202千瓦。该车具有浮渡能力,水上行驶时靠两台喷水推进器推进,车首有防浪板。

　　LAV-25装甲车采用德尔科公司的双人炮塔,装有1门25毫米链式炮。主炮有双向稳定,便于越野时行进间射击。辅助武器为M240同轴机枪和M60机枪各1挺。炮塔两侧各有1组M257烟幕弹发射器,每组4具。为便于快速部署,美军要求LAV-25装甲车能用现有的军用运输机或直升机空运或空投。

## "悍马"装甲车

| | |
|---|---|
| 英语名称: | High Mobility Multipurpose Wheeled Vehicle |
| 研制国家: | 美国 |
| 制造厂商: | 美国汽车公司 |
| 重要型号: | M966、M998、M1025 |
| 生产数量: | 28万辆以上 |
| 生产时间: | 1984年至今 |
| 主要用户: | 美国陆军、美国海军陆战队 |

| 基本参数 | |
|---|---|
| 长度 | 4.57米 |
| 宽度 | 2.16米 |
| 高度 | 1.83米 |
| 重量 | 2.68吨 |
| 最大速度 | 113千米/小时 |
| 最大行程 | 563千米 |

　　"悍马"装甲车是美国于20世纪80年代设计生产的轮式装甲车，其正式名称为"高机动性多用途轮式车辆"，可由多种运输机或直升机运输并空投。该车的机动性、越野性、可靠性和耐久性都比较出色，并能很好地适应各种车载武器。它可以改装成反坦克导弹、防空导弹、榴弹发射器、重机枪等武器的发射平台或装备平台，美国陆军大多数武器系统均可安装在"悍马"装甲车上。

　　"悍马"装甲车使用通用电气公司的6.2升自然吸气柴油发动机，整个动力系统（包括传动和驱动系统）都移植自雪弗兰皮卡。该车拥有一个可以乘坐4人的驾驶室和一个帆布包覆的后车厢。4个座椅被放置在车舱中部隆起的传动系统的两边，这样的重力分配，可以保证其在崎岖光滑的路面上有良好的抓地力和稳定性。

▲ "悍马"装甲车在沙漠地区行驶

▼ "悍马"装甲车侧前方视角

# M1117 "守护者" 装甲车

| 英语名称： | M1117 Guardian |
|---|---|
| 研制国家： | 美国 |
| 制造厂商： | 达信海上和地面系统公司 |
| 重要型号： | M1117 |
| 生产数量： | 1800辆 |
| 生产时间： | 1999～2006年 |
| 主要用户： | 美国陆军、罗马尼亚陆军、保加利亚陆军、伊拉克陆军、阿富汗陆军 |

| 基本参数 | |
|---|---|
| 长度 | 6米 |
| 宽度 | 2.6米 |
| 高度 | 2.6米 |
| 重量 | 13.47吨 |
| 最大速度 | 101千米/小时 |
| 最大行程 | 764千米 |

　　**M1117装甲车**是美国研制的四轮装甲车，使用四轮独立驱动系统，易于操作、驾驶稳定，特别适用于城市狭窄街道。该车采用了全焊接钢装甲车体，表面披挂了一层先进的陶瓷装甲。这种装甲系统被称为IBD模块化可延展性装甲系统，能够提供远超普通装甲的防护能力。M1117装甲车可承受12.7毫米口径重机枪弹、12磅地雷破片或155毫米炮弹空爆破片的杀伤。

　　M1117装甲车装有小型单人炮塔，炮塔内有1具40毫米Mk 19榴弹发射器，辅助武器为1挺12.7毫米M2HB重机枪。炮长在单人炮塔内操纵武器进行射击，而不必探身车外，这样大大减少了乘员被击中的危险。此外，炮塔的两侧还各配置了1组向前发射的四联装烟幕榴弹发射器。M1117装甲车可由C-130运输机空运，具备快速部署能力。

## "斯特赖克" 装甲车

| | |
|---|---|
| 英语名称： | Stryker Vehicle |
| 研制国家： | 美国 |
| 制造厂商： | 通用动力公司 |
| 重要型号： | M1126、M1127、M1128 |
| 生产数量： | 4900辆以上 |
| 生产时间： | 2002年至今 |
| 主要用户： | 美国陆军 |

| 基本参数 | |
|---|---|
| 长度 | 6.95米 |
| 宽度 | 2.72米 |
| 高度 | 2.64米 |
| 重量 | 16.47吨 |
| 最大速度 | 100千米/小时 |
| 最大行程 | 500千米 |

"斯特赖克"装甲车是由美国设计生产的轮式装甲车，其最大特点在于几乎所有的衍生车型都可以用即时套件升级方式从基础型改装而来，改装可以在前线战场上完成。"斯特赖克"车族的主要型号包括M1126装甲运兵车、M1127侦察车、M1128机动炮车、M1129迫击炮车、M1130指挥车、M1131炮兵观测车、M1132工兵车、M1133野战急救车、M1134反坦克导弹车和M1135核生化监测车等。

M1126装甲运兵车是"斯特瑞克"装甲车族的最基本型号，其他的"斯特瑞克"装甲车族成员都是在它的基础上改进而来。M1126装甲运兵车有2名乘员（驾驶员和车长），能搭载一个全副武装的加强步兵班。M1126装甲运兵车装备的武器有1挺12.7毫米M2重机枪、1挺40毫米Mk 19自动榴弹发射器、1挺7.62毫米M240通用机枪等。

▲ "斯特赖克"装甲车侧面视角

▼ "斯特赖克"装甲车在雪地行驶

# M10 "布克" 装甲步兵支援车

| 英语名称： | M10 Booker Armored Infantry Support Vehicle |
|---|---|
| 研制国家： | 美国 |
| 制造厂商： | 通用动力公司 |
| 重要型号： | M10 |
| 生产数量： | 尚未量产 |
| 生产时间： | 2025年（计划） |
| 主要用户： | 美国陆军 |

| 基本参数 ||
|---|---|
| 长度 | 9.5米 |
| 宽度 | 3.4米 |
| 高度 | 2.5米 |
| 重量 | 42吨 |
| 最大速度 | 64千米/小时 |
| 最大行程 | 560千米 |

  **M10 "布克" 装甲步兵支援车**是美国通用动力公司为美国陆军研发的履带式装甲步兵支援车。其研发历史可以追溯到2015年，当时美国陆军启动了"机动防护火力车"（MPF）项目，旨在为步兵旅级战斗队提供高机动的野战支援火力。2020年4月，通用动力公司制造出首辆原型车。2022年6月，通用动力公司正式赢得了MPF项目的竞标，并获得了价值高达11.4亿美元的合同。M10装甲步兵支援车将于2025年第四季度首批交付。

  M10装甲步兵支援车配备了铝合金装甲和大量螺栓固定的附加装甲，炮塔正面与侧面装有储物箱，发动机排气口位于车体中部，并配备有侧裙板。底盘采用模块化设计，具备自诊断能力和快速拆卸功能。该车的主炮是1门105毫米M35低后坐力坦克炮，辅助武器包括1挺12.7毫米M2重机枪和1挺7.62毫米M240C同轴机枪。

# L-ATV 装甲车

| 英语名称： | L-ATV Armoured Vehicle |
|---|---|
| 研制国家： | 美国 |
| 制造厂商： | 奥什科什公司 |
| 重要型号： | M1278 HGC、M1279 UTL、M1280 GP、M1281 CCWC |
| 生产数量： | 6.4万辆（计划） |
| 生产时间： | 2019年至今 |
| 主要用户： | 美国军队、比利时陆军、立陶宛陆军等 |

| 基本参数 | |
|---|---|
| 长度 | 6.2米 |
| 宽度 | 2.5米 |
| 高度 | 2.6米 |
| 重量 | 6.4吨 |
| 最大速度 | 110千米/小时 |
| 最大行程 | 480千米 |

**L-ATV装甲车**是奥什科什公司研发的新型四轮装甲车，是美军"联合轻型战术车辆"（JLTV）计划的中标产品，将逐步取代现役的"悍马"装甲车。美国陆军计划在2040年前装备约4.9万辆L-ATV装甲车，美国海军陆战队计划装备1.25万辆，美国海军和空军也将少量列装该车型。

L-ATV装甲车主要分为双座和四座两种车型，其配置较"悍马"装甲车更为先进。该车型能够装配更多防护装甲，标准版具备抗雷爆能力，并配备了简易爆炸装置（IED）检测装置。它不仅能抵御步枪子弹的直接射击，还能在遭受地雷或简易爆炸装置袭击时最大限度地减少乘员伤亡。必要时，L-ATV装甲车还可搭载主动防御系统。车顶可安装多种小口径和中等口径武器，包括重机枪、自动榴弹发射器、反坦克导弹等，同时还可配备烟幕弹发射装置。

# "水牛"地雷防护车

| | |
|---|---|
| 英语名称： | Buffalo Mine Protected Vehide |
| 研制国家： | 美国 |
| 制造厂商： | 军力保护公司 |
| 重要型号： | Buffalo A1/A2、Buffalo H |
| 生产数量： | 250辆以上 |
| 生产时间： | 2001年至今 |
| 主要用户： | 美国陆军、加拿大陆军、法国陆军、意大利陆军、英国陆军 |

| 基本参数 | |
|---|---|
| 长度 | 8.2米 |
| 宽度 | 2.6米 |
| 高度 | 4米 |
| 重量 | 20.6吨 |
| 最大速度 | 105千米/小时 |
| 最大行程 | 483千米 |

"水牛"地雷防护车是美军较早装备的防地雷反伏击车（MRAP）车种，设计上参考了南非"卡斯皮"地雷防护车。后者为四轮设计，而"水牛"地雷防护车则改为六轮，车头具有大型遥控工程臂以用于处理爆炸品。

"水牛"地雷防护车采用V形车壳，若车底有地雷或简易爆炸装置爆炸时能将冲击波分散，有效保护车内人员免受严重伤害。在伊拉克及阿富汗服役的"水牛"地雷防护车加装了鸟笼式装甲，以防护RPG-7火箭筒的攻击。在伊拉克和阿富汗战场上，"水牛"地雷防护车被编入常规的巡逻车队，尤其是那些行进路线相对固定的后勤运输队，"水牛"地雷防护车更是必不可少的装备。

# M10 坦克歼击车

| 英语名称： | M10 Tank Destroyer |
|---|---|
| 研制国家： | 美国 |
| 制造厂商： | 通用汽车公司 |
| 重要型号： | M10、M10A1 |
| 生产数量： | 6406辆 |
| 生产时间： | 1942～1943年 |
| 主要用户： | 美国陆军、法国陆军、加拿大陆军、埃及陆军、英国陆军 |

| 基本参数 | |
|---|---|
| 长度 | 5.97 |
| 宽度 | 3.05米 |
| 高度 | 2.89 |
| 重量 | 29.57吨 |
| 最大速度 | 51千米/小时 |
| 最大行程 | 300千米 |

**M10坦克歼击车**是以M4"谢尔曼"中型坦克的底盘为基础设计的坦克歼击车，炮塔的顶部是敞开的，顶部呈五角形开口，它能给驾驶员提供良好的视野，这是美式坦克歼击车的一个鲜明特点。驾驶员座位在车体左边，无线电操作员（副驾驶）在右边。炮塔中的布置仿照反坦克炮的战位安排，炮手在火炮左侧，车长和装填手在右侧，与坦克炮塔相反。

M10坦克歼击车采用76.2毫米M7火炮，弹药基数54发，主要用于攻击敌方坦克和坚固工事。该车没有配备同轴机枪和航向机枪，反步兵的能力明显不足。M10坦克歼击车的炮塔后部安装了1挺12.7毫米M2机枪，备弹300发。防空作战时在炮塔内无法操作机枪向前射击，战斗中车长只能跳出炮塔，站在发动机盖上操作机枪向前射击。此外，车内为乘员准备了M1卡宾枪、手榴弹和烟雾弹等武器。

# M18 坦克歼击车

| 英语名称： | M18 Tank Destroyer |
|---|---|
| 研制国家： | 美国 |
| 制造厂商： | 通用汽车公司 |
| 重要型号： | M18、T86、T87、T88 |
| 生产数量： | 2507辆 |
| 生产时间： | 1943～1944年 |
| 主要用户： | 美国陆军 |

| 基本参数 | |
|---|---|
| 长度 | 5.28米 |
| 宽度 | 2.87米 |
| 高度 | 2.57米 |
| 重量 | 17.7吨 |
| 最大速度 | 80千米/小时 |
| 最大行程 | 160千米 |

**M18坦克歼击车**是二战时美军所有履带装甲战斗车辆中速度最快的一种，故有"地狱猫"的称号。为了追求优越的速度，M18坦克歼击车只安装了一层薄弱的装甲，而主炮威力也稍嫌不足。薄弱的装甲使车身及乘员们很容易受到伤害，主炮在远距离无法打穿德国"虎"式及"豹"式坦克的装甲，这是M18坦克歼击车的最大缺点。

为了解决主炮威力不足的问题，美军为M18坦克歼击车配备了高速穿甲弹，使主炮拥有更大的贯穿力。不过，这种炮弹却无法大量补给。针对M18坦克歼击车速度快而装甲薄弱的特点，美军装甲兵摸索出快速机动从侧翼攻击装甲较厚的德军战车的战术，在战场上获得了成功。

# M36 坦克歼击车

| | |
|---|---|
| 英语名称： | M36 Tank Destroyer |
| 研制国家： | 美国 |
| 制造厂商： | 通用汽车公司 |
| 重要型号： | M36、M36B1、M36B2 |
| 生产数量： | 2324辆 |
| 生产时间： | 1944~1945年 |
| 主要用户： | 美国陆军、土耳其陆军、巴基斯坦陆军、韩国陆军、意大利陆军 |

**基本参数**

| | |
|---|---|
| 长度 | 5.97米 |
| 宽度 | 3.05米 |
| 高度 | 3.28米 |
| 重量 | 28.6吨 |
| 最大速度 | 42千米/小时 |
| 最大行程 | 240千米 |

**M36坦克歼击车**是以M4"谢尔曼"中型坦克的底盘为基础设计的坦克歼击车，发动机位于车体后部，其动力通过一根很长的传动轴传至车体前部的变速箱，再传至差速器和主动轮。车体部分的装甲厚度与M4中型坦克相同，炮塔正面和防盾的装甲厚度为76毫米，侧面及后部的装甲厚度为38毫米。M36坦克歼击车有5名乘员，即车长、炮长、装填手、驾驶员、机电员。

M36坦克歼击车发射普通穿甲弹时，可在600米射击距离上击穿德国"豹"式坦克的主装甲，在2000米射击距离上击穿"豹"式坦克的侧面和后部装甲。在914米射击距离上发射超速穿甲弹时，可击穿30度倾角的199毫米厚的装甲，因此，M36坦克歼击车也足够对付"虎"式重型坦克。

# M7 自行火炮

| | |
|---|---|
| 英语名称： | M7 Self-propelled Artillery |
| 研制国家： | 美国 |
| 制造厂商： | 美国机车公司 |
| 重要型号： | M7、M7B1、M7B2 |
| 生产数量： | 4443辆 |
| 生产时间： | 1942～1945年 |
| 主要用户： | 美国陆军 |

Tanks And Armoured Vehicles

| 基本参数 | |
|---|---|
| 长度 | 6.02米 |
| 宽度 | 2.87米 |
| 高度 | 2.54米 |
| 重量 | 22.97吨 |
| 最大速度 | 39千米/小时 |
| 最大行程 | 193千米 |

1941年6月，美国开始将105毫米榴弹炮装到M3中型坦克上，以期制成一种自行火炮。在阿伯丁试验场的试验表明，这种自行火炮的性能很好，主要缺点是缺乏高射武器。于是车顶部安装了一个环形枪架，用以安装12.7毫米高射机枪。由于这个机枪架的形状很像教坛，很快它就有了"牧师"的别名。M7自行火炮在作战中取得很大成功，美军每个装甲师下辖3个营的M7自行火炮，为部队提供有效的火力来源。

M7自行火炮最初采用M3中型坦克的底盘，后来改用M4中型坦克的底盘，称为M7B1自行火炮。其战斗全重近23吨，乘员7人，主要武器是1门105毫米M2榴弹炮，最大射程约11千米。辅助武器是1挺12.7毫米机枪。车辆最大速度为39千米/小时，越野速度为24千米/小时。M7自行火炮的顶部为敞开式结构，顶部的防护性差。

# M107 自行火炮

| 英语名称： | M107 Self-propelled Artillery |
|---|---|
| 研制国家： | 美国 |
| 制造厂商： | 食品机械化学公司 |
| 重要型号： | M107、M110 |
| 生产数量： | 524辆 |
| 生产时间： | 1961~1980年 |
| 主要用户： | 美国陆军、以色列陆军、德国陆军、西班牙陆军、韩国陆军 |

| 基本参数 | |
|---|---|
| 长度 | 6.46米 |
| 宽度 | 3.15米 |
| 高度 | 3.47米 |
| 重量 | 28.3吨 |
| 最大速度 | 80千米/小时 |
| 最大行程 | 720千米 |

**M107自行火炮**每侧有5个负重轮，主动轮在前，由一台功率为302千瓦的带有涡轮增压器和机械增压器的柴油发动机驱动。驾驶员位于车体左前部，其右侧是变速箱。炮塔的旋转由液压泵驱动，液压泵的动力来自发动机，也可通过摇柄手动旋转。火炮的方位由炮手负责，仰俯角度由副炮手负责。

M107自行火炮采用敞开式炮塔，与M109自行火炮紧凑的装甲炮塔相比，炮手的活动更加自如，其175毫米加农炮在射速上和射程上能够压制配备120毫米火炮的主战坦克。不过，开放式车体设计虽然可以减轻重量，但令防护力大幅减弱，极长的炮管也会影响车体平衡。早期的炮管寿命是300发3号全装药射击，而后期炮管寿命则延续至700~1200发之间。

# M109 自行火炮

| | |
|---|---|
| 英语名称: | M109 Self-propelled Artillery |
| 研制国家: | 美国 |
| 制造厂商: | 克莱斯勒汽车公司 |
| 重要型号: | M109A1/A2/A3/A4/A5/A6 |
| 生产数量: | 7000辆以上 |
| 生产时间: | 1963年至今 |
| 主要用户: | 美国陆军、西班牙陆军、以色列陆军、奥地利陆军、埃及陆军 |

Tanks And Armoured Vehicles
★★☆

## 基本参数

| | |
|---|---|
| 长度 | 9.1米 |
| 宽度 | 3.15米 |
| 高度 | 3.25米 |
| 重量 | 27.5吨 |
| 最大速度 | 56千米/小时 |
| 最大行程 | 350千米 |

  **M109自行火炮**的车体结构由铝质装甲焊接而成，没有采用密闭设计，也没有配备核生化防护系统，但具备两栖浮渡能力。未经准备的情况下，M109自行火炮可直接涉渡1.828米深的河流，如加装呼吸管等辅助装备，则可以每小时约6千米的速度进行两栖登陆作业。全车可搭载6名乘员，包括车长、射手、驾驶员及3名装填手。M109自行火炮的动力装置为底特律柴油发动机公司的M8V-71T水冷式柴油发动机。

  M109自行火炮最初采用1门155毫米M126榴弹炮，之后的改进型陆续换装了155毫米M126A1榴弹炮、155毫米M185榴弹炮、155毫米M284榴弹炮。炮塔两侧各有一扇舱门，后方有两扇舱门供弹药补给使用。辅助武器除1挺12.7毫米M2机枪外，还可加装40毫米Mk 19 Mod 3榴弹发射器、7.62毫米M60机枪或7.62毫米M240机枪等武器。

▲ M109自行火炮开火瞬间

▼ M109自行火炮侧前方视角

# M142 自行火箭炮

| | |
|---|---|
| 英语名称: | M142 HIMARS |
| 研制国家: | 美国 |
| 制造厂商: | 洛克希德·马丁公司 |
| 重要型号: | M142 |
| 生产数量: | 600辆以上 |
| 生产时间: | 2005年至今 |
| 主要用户: | 美国陆军、新加坡陆军、阿拉伯联合酋长国陆军、约旦陆军 |

| 基本参数 | |
|---|---|
| 长度 | 7米 |
| 宽度 | 2.4米 |
| 高度 | 3.2米 |
| 重量 | 10.9吨 |
| 最大速度 | 85千米/小时 |
| 最大行程 | 480千米 |

**M142自行火箭炮**的正式名称为M142高机动性炮兵火箭系统（M142 High Mobility Artillery Rocket System），具有机动性能高、火力性能强、通用性能好等特点。它与M270自行火箭炮的最大区别是底盘由履带式改为轮式，车重大幅减轻，可用C-130运输机空运，从而迅速部署到履带式火箭炮系统所无法到达的战区，并且在运输机着陆后的15分钟内即可完成作战准备。

M142自行火箭炮能为部队提供24小时全天候的支援火力，不仅可以发射普通火箭弹，也可以发射GMLRS制导火箭弹和陆军战术导弹（ATACM），具备打击300千米以外目标的能力。M142自行火箭炮在设计上具有很强的通用性，可携带6枚火箭弹或1枚"陆军战术导弹系统"，能够发射目前和未来多管火箭炮系统的所有火箭和导弹。

# M270 自行火箭炮

| 英语名称： | M270 Multiple Rocket Launcher |
|---|---|
| 研制国家： | 美国 |
| 制造厂商： | 洛克希德·马丁公司 |
| 重要型号： | M270、M270A1、M270B1 |
| 生产数量： | 1300辆 |
| 生产时间： | 1980~2003年 |
| 主要用户： | 美国陆军、英国陆军、意大利陆军、德国陆军、法国陆军 |

| 基本参数 | |
|---|---|
| 长度 | 6.85米 |
| 宽度 | 2.97米 |
| 高度 | 2.59米 |
| 重量 | 24.9吨 |
| 最大速度 | 64千米/小时 |
| 最大行程 | 480千米 |

  **M270自行火箭炮**是基于旧有的综合支援火箭系统而设计的，常常被称为"M270机动式火箭炮"，它由三个系统组成：M269式装填发射器、电动火控系统和M993式运输车。M270火箭炮的发射箱可以携带12枚火箭或2枚"陆军战术导弹系统"，前者携带有导引或无导引的弹头，射程可达42千米，而后者的射程达到300千米，飞行高度达到50千米。M270多管火箭很适合使用"打带跑"战术：在发射火箭之后，迅速转移阵地，以避免受到炮火反击。

  M270自行火箭炮能够于40秒内全数射出总共12枚火箭或2枚"陆军战术导弹系统"，而这12枚火箭能够完全轰击1平方千米的范围，效果类似集束炸弹。M270自行火箭炮每发射1枚弹药，火控计算机都能重新瞄准，距离和方向偏差仅0.7%。

▲ M270自行火箭炮侧前方视角

▼ 展览中的M270自行火箭炮

# M728 战斗工程车

**英语名称：** M728 Combat Engineer Vehicle
**研制国家：** 美国
**制造厂商：** 底特律阿森纳坦克工厂
**重要型号：** M728、M728A1
**生产数量：** 312辆
**生产时间：** 1965～1987年
**主要用户：** 美国陆军

### 基本参数

| | |
|---|---|
| 长度 | 8.83米 |
| 宽度 | 3.66米 |
| 高度 | 3.3米 |
| 重量 | 48.3吨 |
| 最大速度 | 48千米/小时 |
| 最大行程 | 450千米 |

　　**M728战斗工程车**是一种履带式战斗工程车，从1965年服役至今。在美国陆军中，M728战斗工程车主要配备在装甲师、机械化师和步兵师的工兵营。

　　M728战斗工程车的主要用途是摧毁敌方的野外防御工事和障碍物，填平沟壑、弹坑和壕沟，以及设置火力阵地和障碍物。车体各部位的装甲厚度在13～120毫米之间。车体前方装有A形框架，不使用时可向后平放于车体后部，最大起吊重量为15.8吨。炮塔后部安装有双速绞盘，配备直径19毫米的钢绳，长度为61米，由车长操作。车前的推土铲由液压驱动。该车装备有1门165毫米M135工事破坏炮，炮塔可实现360度旋转，转速为1.6度/秒。此外，还配备有1挺7.62毫米M240机枪与主炮并列安装，指挥塔上装有1挺12.7毫米机枪。

# M9 装甲战斗推土机

| | |
|---|---|
| 英语名称： | M9 Armored Combat Earthmover |
| 研制国家： | 美国 |
| 制造厂商： | 机动装备研究与发展中心 |
| 重要型号： | M9 |
| 生产数量： | 500辆以上 |
| 生产时间： | 1979~1986年 |
| 主要用户： | 美国陆军、美国海军陆战队 |

| 基本参数 | |
|---|---|
| 长度 | 6.25米 |
| 宽度 | 3.2米 |
| 高度 | 2.7米 |
| 重量 | 24.4吨 |
| 最大速度 | 48千米/小时 |
| 最大行程 | 322千米 |

**M9装甲战斗推土机**是专为战斗工兵设计的，而非由其他车型改装而成。其车体采用全铝合金焊接结构，重要部位装有钢合金及"凯夫拉"防弹纤维。

M9装甲战斗推土机的车体前方装有刮土斗、液压操纵的挡板和机械式退料器。推土铲刀安装在挡板上，推土和刮土作业通过液气悬挂装置实现。该装置可使车辆头部抬起或降低，还能使车辆倾斜，从而以铲刀的一角进行作业。其推土作业能力几乎是普通斗式刮土机的两倍。铲斗的最大翻转角度为50度，一次土方量为4.58~5.35立方米。铲斗的提升高度使该车能够直接将货物卸至5吨卡车上。铲斗后背与推土铲刀之间的夹紧力为27千牛，足以使该车同时拔起3根树桩等类似物体。

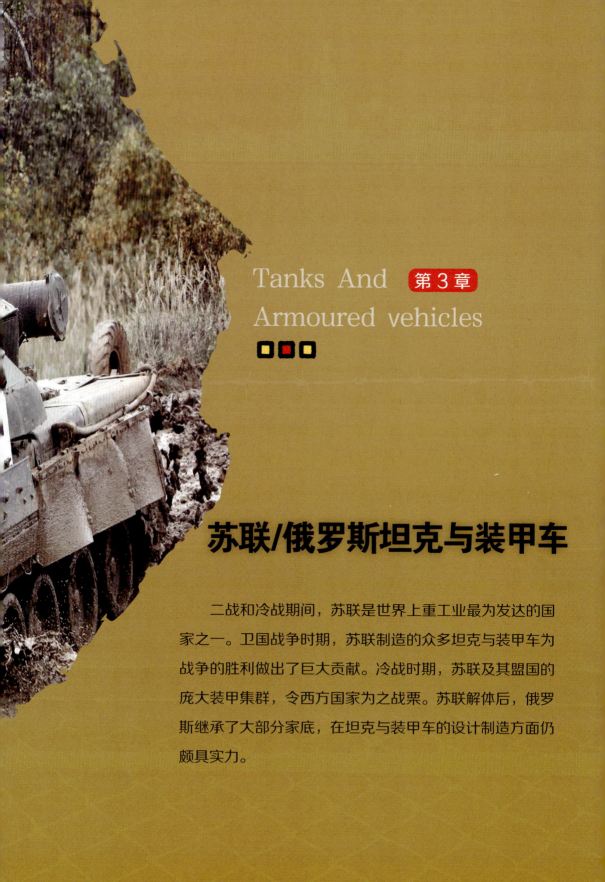

Tanks And
Armoured vehicles

第 3 章

# 苏联/俄罗斯坦克与装甲车

二战和冷战期间，苏联是世界上重工业最为发达的国家之一。卫国战争时期，苏联制造的众多坦克与装甲车为战争的胜利做出了巨大贡献。冷战时期，苏联及其盟国的庞大装甲集群，令西方国家为之战栗。苏联解体后，俄罗斯继承了大部分家底，在坦克与装甲车的设计制造方面仍颇具实力。

# T-26 轻型坦克

| | |
|---|---|
| 英语名称： | T-26 Light Tank |
| 研制国家： | 苏联 |
| 制造厂商： | 基洛夫工厂 |
| 重要型号： | T-26、T-26TU/K/V |
| 生产数量： | 11000辆 |
| 生产时间： | 1931～1941年 |
| 主要用户： | 苏联陆军、西班牙陆军、芬兰陆军、土耳其陆军 |

| 基本参数 | |
|---|---|
| 长度 | 4.65米 |
| 宽度 | 2.44米 |
| 高度 | 2.24米 |
| 重量 | 9.6吨 |
| 最大速度 | 31千米/小时 |
| 最大行程 | 240千米 |

  **T-26轻型坦克**是苏联坦克部队早期的主力装备，广泛使用于20世纪30年代的多次冲突及二战之中。T-26轻型坦克和德国一号坦克都是以英国维克斯六吨坦克为基础设计的，两者底盘外形相似，但T-26轻型坦克的火力远超一号坦克和二号坦克，甚至超过了早期三号坦克的水平。早期T-26轻型坦克的主炮为37毫米口径，后期口径加大为45毫米。不过，T-26轻型坦克的火控能力不太好，精确射击能力不足。

  T-26轻型坦克的装甲防护差，没有足够能力抵抗步兵的火力，以至于苏联巴甫洛夫大将得出"坦克不能单独行动，只能进行支援步兵作战"的错误结论。另外，T-26轻型坦克取消了指挥塔，使得车长的观察能力大打折扣，而且车长还要担任炮长，作战的时候几乎无暇进行四周的观察，因此很容易被侧后的火力袭击。

# T-60 轻型坦克

| | |
|---|---|
| 英语名称 | T-60 Light Tank |
| 研制国家 | 苏联 |
| 制造厂商 | 基洛夫工厂 |
| 重要型号 | T-60 |
| 生产数量 | 6292辆 |
| 生产时间 | 1941~1942年 |
| 主要用户 | 苏联陆军 |

| 基本参数 | |
|---|---|
| 长度 | 4.1米 |
| 宽度 | 2.3米 |
| 高度 | 1.75米 |
| 重量 | 5.8吨 |
| 最大速度 | 44千米/小时 |
| 最大行程 | 450千米 |

　　**T-60轻型坦克**采用焊接车体，外形低矮，前部装甲厚15~20毫米，后来增加到20~35毫米。侧装甲厚15毫米，后来增加到25毫米。后部装甲厚13毫米，后来增加到25毫米。为了增加T-60轻型坦克在沼泽和雪地的机动性，苏联设计师专门设计了与标准履带通用的特殊可移动加宽履带。与同时期其他苏联坦克相比，T-60轻型坦克在雪地、沼泽以及烂泥和水草地的机动性较好。

　　T-60轻型坦克装有1门20毫米TNSh-20坦克炮，使用的炮弹包括破片燃烧弹、钨芯穿甲弹等，备弹750发。后期开始使用穿甲燃烧弹，可在500米距离上以60度角击穿35毫米厚的装甲，可以有效对抗早期的德国坦克以及各种装甲车辆。T-60轻型坦克还装备了1挺7.62毫米DT机枪，这种机枪和TNSh-20主炮都可以拆卸下来单独作战。

# BT-7 轻型坦克

| 英语名称: | BT-7 Light Tank |
|---|---|
| 研制国家: | 苏联 |
| 制造厂商: | 哈尔科夫工厂 |
| 重要型号: | BT-7-1/2、BT-7A/M |
| 生产数量: | 5300辆 |
| 生产时间: | 1935～1940年 |
| 主要用户: | 苏联陆军 |

| 基本参数 | |
|---|---|
| 长度 | 5.66米 |
| 宽度 | 2.29米 |
| 高度 | 2.42米 |
| 重量 | 13.9吨 |
| 最大速度 | 72千米/小时 |
| 最大行程 | 430千米 |

**BT-7轻型坦克**是苏联BT系列快速坦克的最后一种型号,与BT系列坦克的早期型号相比,BT-7轻型坦克加强了防护力,采用新设计的炮塔和新型发动机,整体性能明显增强。苏联将BT-7轻型坦克的设计经验成功运用到更新型的T-34中型坦克上,从后者身上明显可以看到BT-7轻型坦克的影子。

BT-7轻型坦克的车体装甲使用焊接装甲,并加大了装甲板倾斜角度,以增强防护力。该坦克的动力装置为M17-TV-12汽油发动机,功率331千瓦。BT-7轻型坦克采用新设计的炮塔,安装1门45毫米火炮,备弹188发。辅助武器为2挺7.62毫米DT机枪,备弹2394发。为使主炮和机枪能在夜间射击,BT-7轻型坦克安装了两盏车头射灯。该坦克有3名车组成员,分别是车长(也担任炮手)、装弹员和驾驶员。

# T-28 中型坦克

| | |
|---|---|
| 英语名称： | T-28 Medium tank |
| 研制国家： | 苏联 |
| 制造厂商： | 基洛夫工厂 |
| 重要型号： | T-28A/B/E/M |
| 生产数量： | 503辆 |
| 生产时间： | 1932～1941年 |
| 主要用户： | 苏联陆军 |

| 基本参数 | |
|---|---|
| 长度 | 7.44米 |
| 宽度 | 2.87米 |
| 高度 | 2.82米 |
| 重量 | 28吨 |
| 最大速度 | 37千米/小时 |
| 最大行程 | 220千米 |

  **T-28中型坦克**最大的特点是有3个炮塔（含机枪塔）。中央炮塔为主炮塔，装1门KT-28短身管76毫米火炮，主炮塔的右侧有1挺7.62毫米机枪，主炮塔的后部装1挺7.62毫米机枪，这两挺机枪能独立操纵射击。主炮塔的前下方有2个圆柱形的小机枪塔，各装1挺7.62毫米机枪。1936年以后生产的T-28中型坦克上，还在炮塔顶部左后方额外安装了1挺7.62毫米机枪，用于对空射击。

  T-28中型坦克主要用于支援步兵以突破敌军防线，它也被设计为用来配合T-35重型坦克进行作战，两车也有许多零件通用。T-28中型坦克的动力装置为M-17L水冷式汽油发动机，最大功率达373千瓦。该坦克的活塞弹簧悬吊系统、发动机和变速箱都存在不少问题，最糟糕的是设计缺乏弹性，不利于后期改进升级。此外，T-28中型坦克的装甲也较薄。

# T-34 中型坦克

| 英语名称： | T-34 Medium tank |
|---|---|
| 研制国家： | 苏联 |
| 制造厂商： | 柯明顿工厂 |
| 重要型号： | T-34/76、T-34/57、T-34/85 |
| 生产数量： | 84070辆 |
| 生产时间： | 1940~1958年 |
| 主要用户： | 苏联陆军、捷克斯洛伐克陆军、埃及陆军、希腊陆军 |

| 基本参数 ||
|---|---|
| 长度 | 6.75米 |
| 宽度 | 3米 |
| 高度 | 2.45米 |
| 重量 | 30.9吨 |
| 最大速度 | 55千米/小时 |
| 最大行程 | 468千米 |

**T-34中型坦克**最初配备1门76.2毫米L-11坦克炮,1941年时改为76.2毫米F-34坦克炮,具有更长的炮管以及更高的初速,备弹77发。T-34/85又改为85毫米ZiS-S-53坦克炮,备弹56发。辅助武器方面,T-34中型坦克装有两挺7.62毫米DP/DT机枪,一挺作为主炮旁的同轴机枪,另一挺则置于驾驶座的右方。

T-34中型坦克的车身装甲厚度为45毫米,正面装甲有32度的斜角,侧面装甲有49度的斜角。炮塔是铸造而成的六角形,正面装甲厚60毫米,侧面装甲厚45毫米,车身的斜角一直延伸到炮塔。该坦克45毫米厚、32度斜角的正面装甲,防护能力相当于90毫米,而49度斜角的侧面装甲也相当于54毫米。T-34中型坦克的越野能力较强,可通过高0.75米的障碍物或者宽2.49米的壕沟,爬坡度达30度。

▲ T-34中型坦克侧前方视角

▼ T-34中型坦克侧后方视角

# T-44 中型坦克

| | |
|---|---|
| 英语名称： | T-44 Medium tank |
| 研制国家： | 苏联 |
| 制造厂商： | 哈尔科夫工厂 |
| 重要型号： | T-44、T-44A、T-44-100 |
| 生产数量： | 1823辆 |
| 生产时间： | 1944～1947年 |
| 主要用户： | 苏联陆军 |

| 基本参数 | |
|---|---|
| 长度 | 6.07米 |
| 宽度 | 3.25米 |
| 高度 | 2.46米 |
| 重量 | 32吨 |
| 最大速度 | 53千米/小时 |
| 最大行程 | 350千米 |

  **T-44中型坦克**是苏联在T-34/85中型坦克基础上改进而来的，主要改进了扭杆悬挂、横置发动机和传动装置。该坦克有4名乘员，取消了原本T-34/85中型坦克的机电员，航向机枪固定在车体上，由驾驶员控制发射。炮塔是T-34/85中型坦克炮塔的改进型，但是炮塔底部没有突出的颈环。T-44中型坦克的主要武器是1门85毫米ZiS-S-53坦克炮，辅助武器是2挺7.62毫米DTM机枪。

  从总体布置上来看，T-44中型坦克兼有T-34中型坦克和T-54/55主战坦克的特点，其外形低矮、内部布置十分紧凑，动力-传动装置后置，拥有大倾角的车体首上甲板和"克里斯蒂"式大直径负重轮等，而发动机的横向布置、扭杆弹簧悬挂装置和车体侧面的垂直装甲板，使它更像T-54/55主战坦克。

# T-35 重型坦克

| | |
|---|---|
| 英语名称: | T-35 Heavy Tank |
| 研制国家: | 苏联 |
| 制造厂商: | 哈尔科夫工厂 |
| 重要型号: | T-35、T-35A/B |
| 生产数量: | 61辆 |
| 生产时间: | 1933~1938年 |
| 主要用户: | 苏联陆军 |

Tanks And Armoured Vehicles

| 基本参数 | |
|---|---|
| 长度 | 9.72米 |
| 宽度 | 3.2米 |
| 高度 | 3.43米 |
| 重量 | 45吨 |
| 最大速度 | 30千米/小时 |
| 最大行程 | 150千米 |

**T-35重型坦克**是世界上唯一量产的五炮塔重型坦克,也是当时世界上最大的坦克。该坦克有5个独立的炮塔(含机枪塔),分两层排列。主炮塔是最顶层的中央炮塔,装1门76毫米榴弹炮,携弹90发,另有1挺7.62毫米机枪。下面一层有4个炮塔和机枪塔,两个小炮塔位于主炮塔的右前方和左后方,两个机枪塔位于左前方和右后方。两个小炮塔上各装1门45毫米坦克炮和1挺7.62毫米机枪,两个机枪塔上各装1挺7.62毫米机枪。

虽然T-35重型坦克的武器较多,但无法有效发挥。装甲防护(最厚处也只有30毫米)和机动性也差强人意,既无法摧毁敌军的新型坦克,又承受不住反坦克武器的攻击。另外,该坦克的体积较大,在战场上很容易遭到敌军的攻击。而车体内部又极为狭窄,而且隔间较多。

# KV-1 重型坦克

| 英语名称: | KV-1 Heavy Tank |
|---|---|
| 研制国家: | 苏联 |
| 制造厂商: | 基洛夫工厂 |
| 重要型号: | KV-1M1939、KV-1M1942 |
| 生产数量: | 5219辆 |
| 生产时间: | 1939~1943年 |
| 主要用户: | 苏联陆军 |

| 基本参数 | |
|---|---|
| 长度 | 6.75米 |
| 宽度 | 3.32米 |
| 高度 | 2.71米 |
| 重量 | 45吨 |
| 最大速度 | 35千米/小时 |
| 最大行程 | 335千米 |

**KV-1重型坦克**是苏联KV系列重型坦克的第一种型号,以装甲厚重而闻名,是苏军在二战初期的重要装备。苏德战争之初,德军使用的反坦克炮、坦克炮都无法击毁KV-1重型坦克90毫米厚的炮塔前部装甲(后期厚度还提升至120毫米),对德军震慑力较强。

KV-1重型坦克使用V-2柴油发动机,最大速度达35千米/小时。由于装甲的强化,重量成为KV-1重型坦克的主要缺点,虽然不断更换离合器、新型的炮塔、较长的炮管,并将部分焊接装甲改成铸造式,它的可靠性还是不如T-34中型坦克。KV-1重型坦克的早期型号装备76.2毫米L-11坦克炮,车身前面原本没有架设机枪,仅有手枪口,但在生产型上加装了3挺DT重机枪。后期型号的主炮改为76毫米F-32坦克炮,炮塔更换为新型炮塔,炮塔前部还设计了使来袭炮弹跳弹的外形。

## KV-2 重型坦克

| | |
|---|---|
| 英语名称： | KV-2 Heavy Tank |
| 研制国家： | 苏联 |
| 制造厂商： | 基洛夫工厂 |
| 重要型号： | KV-2 |
| 生产数量： | 334辆 |
| 生产时间： | 1940～1941年 |
| 主要用户： | 苏联陆军 |

| 基本参数 | |
|---|---|
| 长度 | 6.95米 |
| 宽度 | 3.32米 |
| 高度 | 3.25米 |
| 重量 | 52吨 |
| 最大速度 | 28千米/小时 |
| 最大行程 | 140千米 |

**KV-2重型坦克**是苏联KV系列重型坦克的第二种型号，被德军称为"巨人"。当时除了88毫米高射炮，几乎没有任何武器能成功摧毁这种"巨兽"。KV-2重型坦克的试验车采用平面装甲板和七角形炮塔，之后为了大量生产而改为六角形炮塔。该坦克的装甲较厚，其炮塔前装甲厚110毫米，侧面厚75毫米。与KV-1重型坦克相比，KV-2重型坦克的重量急剧增加，而动力装置仍然采用未经改进的373千瓦V-2柴油机，这些因素造成了KV-2重型坦克在作战时机动性的严重缺陷。

KV-2重型坦克的主要武器为1门152毫米M-10榴弹炮，备弹36发。辅助武器为2挺DT重机枪，备弹3087发。该坦克有6名乘员，即坦克指挥员、火炮指挥员、第二火炮指挥员（装填手）、炮手、驾驶员、无线电手。由于需要装填手装填分离式弹药，造成火炮射击速度较慢。

# KV-85 重型坦克

| | |
|---|---|
| 英语名称： | KV-85 Heavy Tank |
| 研制国家： | 苏联 |
| 制造厂商： | 基洛夫工厂 |
| 重要型号： | KV-85、KV-85G |
| 生产数量： | 130辆 |
| 生产时间： | 1943年 |
| 主要用户： | 苏联陆军 |

| 基本参数 | |
|---|---|
| 长度 | 8.49米 |
| 宽度 | 3.25米 |
| 高度 | 2.8米 |
| 重量 | 46吨 |
| 最大速度 | 40千米/小时 |
| 最大行程 | 250千米 |

　　**KV-85重型坦克**是苏联KV系列重型坦克的第三种型号，安装了85毫米D-5T坦克炮，在一定程度上缓解了KV-1重型坦克无法对抗德军"虎"式坦克和"豹"式坦克的窘迫局面。85毫米D-5T坦克炮的威力较大，配有70发弹药。有少数KV-85重型坦克改装了122毫米 D-2-5T火炮，虽然威力巨大，但产量寥寥无几。辅助武器方面，KV-85重型坦克安装了3挺7.62毫米DT重机枪。

　　KV-85重型坦克沿用KV-1S重型坦克的底盘，配备了专为85毫米D-5T坦克炮研发的新型铸造炮塔。该炮塔前装甲厚达100毫米，而且容积较大，拥有车长指挥塔，利于提高作战效率。KV-85重型坦克的动力装置为V-2柴油发动机，燃油量为975升。KV-85重型坦克作为IS系列重型坦克投产前的过渡产品，在技术积累上做出了较大贡献。

# IS-2 重型坦克

| 英语名称：IS-2 Heavy Tank |
| --- |
| 研制国家：苏联 |
| 制造厂商：基洛夫工厂 |
| 重要型号：IS-2、IS-2M |
| 生产数量：3854辆 |
| 生产时间：1943~1945年 |
| 主要用户：苏联陆军 |

Tanks And Armoured Vehicles

| 基本参数 | |
| --- | --- |
| 长度 | 9.9米 |
| 宽度 | 3.09米 |
| 高度 | 2.73米 |
| 重量 | 45.8吨 |
| 最大速度 | 37千米/小时 |
| 最大行程 | 240千米 |

**IS-2重型坦克**是苏联IS系列重型坦克中最著名的型号，它与T-34/85中型坦克一起构成了二战后期苏联坦克的中坚力量。IS-2重型坦克的炮塔和车体分别采用整体铸造和轧钢焊接结构，车内由前至后分为驾驶部分、战斗部分和动力-传动部分。该坦克的车体前上装甲板厚120毫米，侧面装甲板厚89~90毫米，后部装甲厚22~64毫米，底部装甲板厚19毫米，顶部装甲板厚25毫米。

IS-2重型坦克的主炮为1门122毫米D-25T坦克炮，装有双气室炮口制退器。火炮方向射界为360度，高低射界为-3度~+20度。该坦克的辅助武器为4挺机枪，包括1挺7.62毫米同轴机枪、1挺安装在车首的7.62毫米航向机枪、1挺安装在炮塔后部的7.62毫米机枪和1挺安装在车长指挥塔上的12.7毫米机枪。

▲ 保存至今的IS-2重型坦克

▼ IS-2重型坦克侧面视角

# IS-3 重型坦克

| | |
|---|---|
| 英语名称： | IS-3 Heavy Tank |
| 研制国家： | 苏联 |
| 制造厂商： | 基洛夫工厂 |
| 重要型号： | IS-3、IS-3M |
| 生产数量： | 2300辆 |
| 生产时间： | 1945～1946年 |
| 主要用户： | 苏联陆军、波兰陆军 |

| 基本参数 | |
|---|---|
| 长度 | 9.85米 |
| 宽度 | 3.15米 |
| 高度 | 2.45米 |
| 重量 | 46.5吨 |
| 最大速度 | 37千米/小时 |
| 最大行程 | 150千米 |

**IS-3重型坦克**是在IS-2重型坦克基础上发展而来的，主要用于对付德国"虎王"重型坦克。该坦克有4名乘员，分别为车长、炮长、装填手和驾驶员。车体从前到后依次为驾驶室、战斗室和动力室。IS-3重型坦克的防护力极强，尤其是侧后防护，由外层的30毫米厚30度外倾装甲、内侧上段90毫米厚60度内倾装甲及下段90毫米厚垂直装甲组成。

IS-3重型坦克的主炮与IS-2重型坦克完全一样，同样是1门122毫米D-25T坦克炮。辅助武器为1挺安装在装填手舱门处环行枪架上的12.7毫米高射机枪（备弹250发）、1挺7.62毫米同轴机枪（备弹756发），以及1挺安装在炮塔左后部的7.62毫米机枪（备弹850发）。IS-3重型坦克的缺点在于焊缝开裂、发动机和传送系统不可靠、防弹外形导致内部空间非常狭窄等。

▲ IS-3重型坦克侧前方视角

▼ 保存至今的IS-3重型坦克

# T-10 重型坦克

| 英语名称： | T-10 Heavy Tank |
|---|---|
| 研制国家： | 苏联 |
| 制造厂商： | 基洛夫工厂 |
| 重要型号： | T-10、T-10A/B/M |
| 生产数量： | 8000辆 |
| 生产时间： | 1953~1966年 |
| 主要用户： | 苏联陆军 |

| 基本参数 | |
|---|---|
| 长度 | 9.87米 |
| 宽度 | 3.56米 |
| 高度 | 2.43米 |
| 重量 | 52吨 |
| 最大速度 | 42千米/小时 |
| 最大行程 | 250千米 |

**T-10重型坦克**是苏联KV系列重型坦克与IS系列重型坦克系列最终发展而成的坦克，原本命名为IS-8，1953年改名为T-10。该坦克采用传统式布局，从前到后依次为驾驶室、战斗室和动力室。车体侧面布置有工具箱和乘员物品箱，带有两条钢缆绳，没有侧裙板。

T-10重型坦克的主炮为1门122毫米D-25TA坦克炮，火炮有一个双气室冲击式炮口制退器，没有稳定器。D-25TA坦克炮的射击俯角比较小，在反斜面阵地上的射击比较困难。T-10坦克安装了电动辅助输弹装置，因此对炮尾部分进行了一些利于半自动装填的修改。若输弹装置出现故障，采用全人工装弹时，射速要降低到2发/分。122毫米炮弹为分装式，弹药基数30发。T-10重型坦克的辅助武器为1挺14.5毫米同轴机枪和1挺14.5毫米高射机枪。

▲ T-10重型坦克侧前方视角

▼ 保存至今的T-10重型坦克

# T-54/55 主战坦克

| | |
|---|---|
| 英语名称： | T-54/55 Main Battle Tank |
| 研制国家： | 苏联 |
| 制造厂商： | 乌拉尔车辆厂 |
| 重要型号： | T-54、T-54A/B、T-55、T-55A |
| 生产数量： | 10万辆 |
| 生产时间： | 1946~1981年 |
| 主要用户： | 苏联陆军、波兰陆军、捷克斯洛伐克陆军 |

| 基本参数 | |
|---|---|
| 长度 | 6.45米 |
| 宽度 | 3.37米 |
| 高度 | 2.4米 |
| 重量 | 36吨 |
| 最大速度 | 48千米/小时 |
| 最大行程 | 460千米 |

　　**T-54/55主战坦克**是一种相对较小的主战坦克，其重量较轻、履带宽大、低温条件下启动性能好，而且还可以潜渡，因此机动性能上佳。该坦克的机械结构简单可靠，与西方坦克相比更易操作，对乘员操作水平的要求也更低。不过，T-54/55主战坦克也有一些致命的弱点，如较小的体形牺牲了内部空间以及成员的舒适性；炮塔太矮，使炮塔最大俯角仅为5度（西方坦克多为10度），对于山地作战常无能为力。

　　T-54/55主战坦克的主炮是1门100毫米D-10线膛炮，平均射速为4发/分。早期的T-54/55主战坦克没有安装火炮稳定器，后期型则装有高低向火炮稳定器。该炮可发射榴弹、尾翼稳定破甲弹和高速脱壳穿甲弹等，弹药基数34发。T-54/55主战坦克的辅助武器为2挺7.62毫米机枪和1挺12.7毫米高射机枪，弹药基数分别为3000发和500发。

▲ T-54A主战坦克侧面视角

▼ T-55主战坦克侧面视角

# T-62 主战坦克

| 英语名称: | T-62 Main Battle Tank |
|---|---|
| 研制国家: | 苏联 |
| 制造厂商: | 乌拉尔车辆厂 |
| 重要型号: | T-62、T-62M |
| 生产数量: | 22700辆 |
| 生产时间: | 1961~1975年 |
| 主要用户: | 苏联陆军、俄罗斯陆军、埃及陆军、古巴陆军、哈萨克斯坦陆军 |

| 基本参数 | |
|---|---|
| 长度 | 6.63米 |
| 宽度 | 3.3米 |
| 高度 | 2.4米 |
| 重量 | 37吨 |
| 最大速度 | 50千米/小时 |
| 最大行程 | 450千米 |

　　**T-62主战坦克**的车体为焊接结构，车体前方左侧是驾驶舱，前方左侧是弹药舱，车体中部是战斗舱，车体后部是动力舱。车体前上装甲板装有防浪板，防浪板的右侧有两个前灯。车体两侧翼子板上装有燃料箱和工具箱，车体后部还可以加装附加燃料桶。该坦克装有集体式防原子装置，但没有集体式防化学装置。T-62主战坦克装有热烟幕施放装置，能产生250~400米长的烟幕，可持续大约4分钟。

　　T-62主战坦克的主炮是1门115毫米2A20滑膛坦克炮，弹药基数为40发，正常配比为榴弹17发、脱壳穿甲弹13发、破甲弹10发。该坦克的辅助武器是1挺7.62毫米TM-485同轴机枪，供弹方式为250发弹箱，射速为200~250发/分。后期生产的T-62主战坦克装有1挺12.7毫米高射机枪，安装在装填手舱外由装填手在车外操作。

▲ 博物馆中的T-62主战坦克

▼ T-62主战坦克侧前方视角

# T-64 主战坦克

| | |
|---|---|
| 英语名称： | T-64 Main Battle Tank |
| 研制国家： | 苏联 |
| 制造厂商： | 马雷舍夫工厂 |
| 重要型号： | T-64、T-64A/B |
| 生产数量： | 13000辆以上 |
| 生产时间： | 1963~1987年 |
| 主要用户： | 苏联陆军、俄罗斯陆军、哈萨克斯坦陆军、乌克兰陆军 |

| 基本参数 ||
|---|---|
| 长度 | 9.23米 |
| 宽度 | 3.42米 |
| 高度 | 2.17米 |
| 重量 | 38吨 |
| 最大速度 | 60.5千米/小时 |
| 最大行程 | 600千米 |

　　**T-64主战坦克**的车体用装甲钢板焊制而成，车内分为驾驶舱、战斗舱和动力舱。驾驶员位于车体内前部中央，有一个单扇舱盖，舱前有观察潜望镜，前上装甲板两侧有驾驶照明灯。前上装甲板中央位置有V形凸起，其间有4条横筋，这样凸起可起防浪板作用。前下装甲板外装有推土铲，还备有安装KMT扫雷器的托架。车体两侧装有外张式侧裙板。

　　T-64主战坦克装备1门使用分体炮弹和自动供弹的115毫米2A21滑膛炮（后升级为125毫米2A26型），可发射尾翼稳定脱壳穿甲弹、尾翼稳定榴弹和空心装药破甲弹，还可以发射9M112型炮射导弹。该坦克的辅助武器包括1挺安装在火炮右侧的7.62毫米同轴机枪和1挺装在车长指挥塔外的12.7毫米高射机枪，分别备弹2000发和300发。T-64主战坦克使用水冷式涡轮增压柴油机，输出功率为551千瓦。

# T-72 主战坦克

| 英语名称：T-72 Main Battle Tank |
| --- |
| 研制国家：苏联 |
| 制造厂商：乌拉尔车辆厂 |
| 重要型号：T-72、T-72A/B |
| 生产数量：25000辆以上 |
| 生产时间：1973年至今 |
| 主要用户：苏联陆军、俄罗斯陆军、印度陆军、伊朗陆军、波兰陆军 |

| 基本参数 | |
| --- | --- |
| 长度 | 6.9米 |
| 宽度 | 3.36米 |
| 高度 | 2.9米 |
| 重量 | 44.5吨 |
| 最大速度 | 80千米/小时 |
| 最大行程 | 500千米 |

　　**T-72主战坦克**的车体用钢板焊接制成，车内分为前部驾驶舱、中部战斗舱和后部动力舱。车体前上装甲板上有一个V形防浪板，并装有前灯。驾驶员两侧的车首空间存放可防弹的燃油箱。车体前下甲板上装有推土铲，平时有防护作用。车体两侧翼子板上有燃油箱和工具箱，车体后部还可以安装两个各装200升柴油的附加油桶。另外，该坦克也安装有集体式三防装置和自动灭火装置等设备。

　　T-72主战坦克采用12缸V-46型发动机，输出功率为574千瓦。该坦克的主炮是1门125毫米2A46滑膛炮，可发射包括尾翼稳定脱壳穿甲弹、破甲弹以及反坦克导弹在内的多种弹药。该坦克的辅助武器为1挺7.62毫米口径同轴机枪和1挺12.7毫米防空机枪，在坦克炮塔两边还装有多联装烟幕弹发射器。

▲ T-72主战坦克侧面视角

▼ 行驶中的T-72主战坦克

# T-80 主战坦克

| 英语名称：T-80 Main Battle Tank |
|---|
| 研制国家：苏联 |
| 制造厂商：马雷舍夫工厂 |
| 重要型号：T-80、T-80B/U |
| 生产数量：5500辆以上 |
| 生产时间：1976～1992年 |
| 主要用户：苏联陆军、俄罗斯陆军、乌克兰陆军、巴基斯坦陆军 |

| 基本参数 | |
|---|---|
| 长度 | 9.47米 |
| 宽度 | 3.53米 |
| 高度 | 2.3米 |
| 重量 | 42吨 |
| 最大速度 | 70千米/小时 |
| 最大行程 | 335千米 |

**T-80主战坦克**的总体布置与T-64主战坦克相似，驾驶员位于车体前部中央，车体中部是战斗舱，动力舱位于车体后部。为了提高对付动能穿甲弹和破甲弹的防护能力，车体前上装甲比T-64主战坦克有进一步改进，前下装甲板外面装有推土铲，还可以安装KM-4扫雷犁。炮塔为钢质复合结构，带有间隙内层，位于车体中部上方。T-80主战坦克装有集体防护装置、烟幕弹发射装置和激光报警装置。

T-80主战坦克的主炮是1门与T-72坦克相同的125毫米2A46滑膛炮，既可以发射普通炮弹，也可以发射反坦克导弹，炮管上装有热护套和抽气装置。主炮右边装有1挺7.62毫米同轴机枪，在车长指挥塔上装有1挺12.7毫米HCBT高射机枪。该坦克的火控系统比T-64主战坦克有所改进，主要是装有激光测距仪和弹道计算机等先进的火控部件。

▲ T-80主战坦克正面视角

▼ T-80主战坦克在泥泞路面行驶

# T-90 主战坦克

| 英语名称: | T-90 Main Battle Tank |
|---|---|
| 研制国家: | 俄罗斯 |
| 制造厂商: | 乌拉尔车辆厂 |
| 重要型号: | T-90、T-90A/E/S/SK |
| 生产数量: | 3200辆以上 |
| 生产时间: | 1992年至今 |
| 主要用户: | 俄罗斯陆军、印度陆军、沙特阿拉伯陆军、土库曼斯坦陆军 |

| 基本参数 | |
|---|---|
| 长度 | 9.53米 |
| 宽度 | 3.78米 |
| 高度 | 2.22米 |
| 重量 | 46.5吨 |
| 最大速度 | 65千米/小时 |
| 最大行程 | 550千米 |

**T-90主战坦克**的炮塔位于车体中部，动力舱后置。车尾通常装有自救木和附加油箱，发动机排气口位于车体左侧最后一个负重轮上方。炮塔前端加装了两层复合装甲特别加强，这种复合装甲通常采用特殊塑料和陶瓷制成。T-90主战坦克采用输出功率达626千瓦的柴油发动机，可以越过2.8米宽的壕沟和0.85米高的垂直矮墙，并能通过深达1.2米的水域，在经过短时间准备之后，涉水深度可达5米。

T-90主战坦克装有1门125毫米2A46M滑膛炮，并配有自动装填机。该炮可以发射多种弹药，包括尾翼稳定脱壳穿甲弹、破甲弹和杀伤榴弹，为了弥补火控系统与西方国家的差距，该坦克还可发射AT-11反坦克导弹。该坦克的辅助武器为1挺7.62毫米同轴机枪和1挺12.7毫米高射机枪，各备弹2000发和300发。

第 3 章 苏联/俄罗斯坦克与装甲车

▲ 训练场上的T-90主战坦克

▼ T-90主战坦克参加阅兵式

# T-14"阿玛塔"主战坦克

| | |
|---|---|
| 英语名称: | T-14 Armata Main Battle Tank |
| 研制国家: | 俄罗斯 |
| 制造厂商: | 乌拉尔车辆厂 |
| 重要型号: | T-14 |
| 生产数量: | 100辆以上 |
| 生产时间: | 2015年至今 |
| 主要用户: | 俄罗斯陆军 |

| 基本参数 | |
|---|---|
| 长度 | 10.8米 |
| 宽度 | 3.5米 |
| 高度 | 3.3米 |
| 重量 | 50吨 |
| 最大速度 | 80千米/小时 |
| 最大行程 | 500千米 |

**T-14"阿玛塔"主战坦克**是俄罗斯最新研制的主战坦克,配备了无人炮塔系统,可变成完全自动化的作战车辆。与俄罗斯现有坦克相比,T-14"阿玛塔"主战坦克的3名乘员(右侧为车长,左侧前方为驾驶员,驾驶员身后是炮长)能得到更好的保护,他们都位于远离主炮的底盘加固舱内,完全实现与弹药的隔离,可大幅降低由于二次效应爆炸起火对人员造成的伤害。

与T-90主战坦克相比,T-14"阿玛塔"主战坦克在计算机技术、速度和操纵性等方面的性能更为优越。该坦克具备全天候、全自动跟踪、识别和选定目标等多种功能,可在昼夜及各种气象条件下展开进攻作战。T-14"阿玛塔"主战坦克拥有先进的火控系统,炮塔配备了全新的125毫米2A82滑膛炮,这种火炮极具杀伤力,可以发射制导导弹和俄罗斯现有的任何炮弹。该坦克的辅助武器为1挺7.62毫米遥控机枪和1挺12.7毫米机枪。

# PT-76 两栖坦克

| 英语名称: | PT-76 Amphibious Light Tank |
|---|---|
| 研制国家: | 苏联 |
| 制造厂商: | 基洛夫工厂 |
| 重要型号: | PT-76、PT-76A/B/K/M |
| 生产数量: | 3000辆以上 |
| 生产时间: | 1951~1969年 |
| 主要用户: | 苏联海军步兵、俄罗斯海军步兵 |

| 基本参数 | |
|---|---|
| 长度 | 7.63米 |
| 宽度 | 3.15米 |
| 高度 | 2.33米 |
| 重量 | 14.6吨 |
| 最大速度 | 44千米/小时 |
| 最大行程 | 400千米 |

**PT-76两栖坦克**是苏联设计的两栖轻型坦克，主要用于侦察、警戒和指挥，也可为夺取滩头阵地提供火力支援。该坦克为钢铁焊接结构，车体呈船形而且较为宽大，其浮力储备系数为28.1%。与同时期其他两栖车辆采用履带划水前进相比，PT-76两栖坦克在推进方面较为先进，它由发动机带动喷水器，从车尾的喷水孔喷出。在水上行驶时，由驾驶员把发动机输出动力全转移在喷水器，而履带则完全没有动力，因此其水上速度较快。

虽然PT-76两栖坦克的体积巨大，但其装甲相对薄弱，只能依靠倾斜角度去弥补。PT-76两栖坦克的主炮为1门76毫米火炮，可发射穿甲弹、破甲弹、榴弹和燃烧弹，弹药基数40发。该坦克的辅助武器为1挺7.62毫米同轴机枪，部分车上还有1挺12.7毫米高射机枪。

# BMD-1 伞兵战车

| 英语名称： | BMD-1 Airborne Infantry Fighting Vehicle |
|---|---|
| 研制国家： | 苏联 |
| 制造厂商： | 伏尔加格勒拖拉机厂 |
| 重要型号： | BMD-1、BMD-1K/P/M |
| 生产数量： | 7000辆 |
| 生产时间： | 1968～1987年 |
| 主要用户： | 苏联空降军、俄罗斯空降军 |

Tanks And Armoured Vehicles

★★★

| 基本参数 | |
|---|---|
| 长度 | 5.41米 |
| 宽度 | 2.53米 |
| 高度 | 1.97米 |
| 重量 | 7.5吨 |
| 最大速度 | 80千米/小时 |
| 最大行程 | 600千米 |

  **BMD-1伞兵战车**是苏联于20世纪60年代研制的履带式伞兵战车，其车体采用焊接结构，前部为驾驶室，中部为战斗室，炮塔位于车体中部靠前（单人炮塔），后部为载员室，再后是动力舱。BMD-1伞兵战车装有6缸水冷柴油发动机，最大功率为177千瓦。手动式机械变速箱有5个前进挡和1个倒挡。悬挂装置为独立式液气弹簧悬挂装置，在车底距地面100～450毫米范围内可调。

  BMD-1伞兵战车的主炮为1门73毫米2A28滑膛炮，弹药基数40发，以自动装弹机装弹，配用的弹种为定装式尾翼稳定破甲弹，初速400米/秒。火炮俯仰和炮塔驱动均采用电操纵，必要时也可以手动操作。主炮右侧有1挺7.62毫米同轴机枪，弹药基数为2000发。在炮塔的吊篮内有废弹壳收集袋。炮塔内有通风装置，用于排出火药气体。炮塔上方有"赛格"反坦克导弹的单轨发射架，除待发弹外，炮塔内还有2枚。

# BMD-2 伞兵战车

| 英语名称：BMD-2 Airborne Infantry Fighting Vehicle |
| --- |
| 研制国家：苏联 |
| 制造厂商：伏尔加格勒拖拉机厂 |
| 重要型号：BMD-2、BMD-2K/M |
| 生产数量：2000辆 |
| 生产时间：1985～1991年 |
| 主要用户：苏联空降军、俄罗斯空降军 |

| 基本参数 | |
| --- | --- |
| 长度 | 6.74米 |
| 宽度 | 2.94米 |
| 高度 | 2.45米 |
| 重量 | 11.5吨 |
| 最大速度 | 80千米/小时 |
| 最大行程 | 450千米 |

**BMD-2伞兵战车**是苏联于20世纪80年代研制的履带式伞兵战车,其车体布局与BMD-1伞兵战车基本相同,由于没有设置后门,载员只能从载员室的上方出入。动力系统方面,也与BMD-1伞兵战车完全相同。BMD-2伞兵战车具备两栖行进能力,车体尾部有两个喷水推进器,车前有防浪板。

BMD-2和BMD-1的整体框架一致,只是武器有所不同。BMD-2伞兵战车的主炮为1门2A42型30毫米机炮,在其上方装有1具AT-4(后期型号装备AT-5)反坦克火箭筒(射程500～4000米)。辅助武器为1挺7.62毫米同轴机枪,备弹2980发,还有1挺7.62毫米航空机枪,备弹2980发。

▲ BMD-2伞兵战车侧面视角

▼ BMD-2伞兵战车侧前方视角

# BMD-3 伞兵战车

| 英语名称： | BMD-3 Airborne Infantry Fighting Vehicle |
|---|---|
| 研制国家： | 苏联 |
| 制造厂商： | 伏尔加格勒拖拉机厂 |
| 重要型号： | BMD-3、BMD-3K |
| 生产数量： | 143辆 |
| 生产时间： | 1985～1997年 |
| 主要用户： | 苏联空降军、俄罗斯空降军 |

| 基本参数 | |
|---|---|
| 长度 | 6米 |
| 宽度 | 3.13米 |
| 高度 | 2.45米 |
| 重量 | 12.9吨 |
| 最大速度 | 70千米/小时 |
| 最大行程 | 500千米 |

　　**BMD-3伞兵战车**装有一台2V06水冷柴油机，最大功率330千瓦。液压式机械变速箱有5个前进挡和5个倒挡。悬挂装置为液气悬挂装置，在车底距地面130～530毫米范围内可调。每侧有5个负重轮和4个托带轮，诱导轮在前，主动轮在后。该车具备两栖行进能力，车体尾部有两个喷水推进器，车前有防浪板，水上行驶可抗5级风浪，并且可在海面空投。

　　BMD-3伞兵战车的主炮为1门2A42型30毫米机关炮，可发射穿甲弹和高爆燃烧弹，弹药基数860发。主炮炮塔顶部后方装有1具AT-4反坦克导弹发射器，配弹4枚。BMD-3伞兵战车的辅助武器为1挺7.62毫米同轴机枪、1挺5.45毫米车前右侧机枪和1具AG-17型30毫米榴弹发射器。

# BMD-4 伞兵战车

| | |
|---|---|
| 英语名称： | BMD-4 Airborne Infantry Fighting Vehicle |
| 研制国家： | 俄罗斯 |
| 制造厂商： | KBP仪器设计局 |
| 重要型号： | BMD-4、BMD-4K/M |
| 生产数量： | 100辆以上 |
| 生产时间： | 2004年至今 |
| 主要用户： | 俄罗斯空降军 |

## 基本参数

| | |
|---|---|
| 长度 | 6.1米 |
| 宽度 | 3.11米 |
| 高度 | 2.45米 |
| 重量 | 13.6吨 |
| 最大速度 | 70千米/小时 |
| 最大行程 | 500千米 |

**BMD-4伞兵战车**的车体前部为驾驶室，驾驶员位于车体中央。中部为战斗室，炮塔位于车体中部靠前，为单人炮塔。后部为载员室，再后是动力舱。战车上装有两个喷水式水上推进器，具有两栖行驶能力。BMD-4伞兵战车的作战地域较广，既能在海拔4000米的高山地区作战，又能在3级海况的水面航渡，也能随同登陆舰发起进攻，还能从运输机上伞降至敌人后方。

BMD-4伞兵战车的主炮为1门2A70型100毫米线膛炮，可发射杀伤爆破弹和炮射导弹。发射9M117炮射导弹时射程4000米，可穿透550毫米均质钢板。BMD-4伞兵战车的辅助武器为1门30毫米2A72型机关炮，弹药基数500发。此外，该车上还设有步枪射击孔，可扫射近距离目标。

第 3 章 苏联/俄罗斯坦克与装甲车

▲ BMD-4伞兵战车侧面视角

▼ BMD-4伞兵战车参加演习

# BMP-1 步兵战车

| 英语名称： | BMP-1 Infantry Fighting Vehicle |
|---|---|
| 研制国家： | 苏联 |
| 制造厂商： | 库尔干机器制造厂 |
| 重要型号： | BMP-1、BMP-1P/D |
| 生产数量： | 20000辆以上 |
| 生产时间： | 1966～1982年 |
| 主要用户： | 苏联陆军、俄罗斯陆军、印度陆军、捷克斯洛伐克陆军、埃及陆军 |

| 基本参数 | |
|---|---|
| 长度 | 6.74米 |
| 宽度 | 2.94米 |
| 高度 | 2.07米 |
| 重量 | 13.2吨 |
| 最大速度 | 65千米/小时 |
| 最大行程 | 500千米 |

**BMP-1步兵战车**的车体采用钢板焊接结构，能防枪弹和炮弹破片，正面可防12.7毫米穿甲弹和穿甲燃烧弹，前上装甲为带加强筋的铝装甲。BMP-1步兵战车有3名乘员，即车长、驾驶员与炮手，其中驾驶员在车体前部左侧，配有3具昼间潜望镜，中间1具可换成高潜望镜。载员舱可容纳8名全副武装的士兵，每侧4人，背靠背乘坐。

BMP-1步兵战车的主炮为1门73毫米2A28低压滑膛炮，后坐力小。在炮塔后下方有自动装弹机构，也可人工装填。主炮的俯仰与炮塔驱动均采用电操纵，必要时也可手动操作。主炮右侧有1挺7.62毫米同轴机枪，弹药基数2000发。主炮上方有"赛格"反坦克导弹单轨发射架，配有4枚导弹。导弹通过炮塔顶部前面的窗口装填，只能昼间发射，操纵装置位于炮手座位下面。

# BMP-2 步兵战车

| 英语名称： | BMP-2 Infantry Fighting Vehicle |
|---|---|
| 研制国家： | 苏联 |
| 制造厂商： | 库尔干机器制造厂 |
| 重要型号： | BMP-2、BMP-2D/K/M |
| 生产数量： | 10000辆以上 |
| 生产时间： | 1980年至今 |
| 主要用户： | 苏联陆军、俄罗斯陆军、波兰陆军、芬兰陆军、印度陆军、伊朗陆军 |

| 基本参数 | |
|---|---|
| 长度 | 6.72米 |
| 宽度 | 3.15米 |
| 高度 | 2.45米 |
| 重量 | 14.3吨 |
| 最大速度 | 65千米/小时 |
| 最大行程 | 600千米 |

　　**BMP-2步兵战车**采用了大型双人炮塔，将BMP-1步兵战车位于驾驶员后方的车长座椅挪到炮塔内右方，使其视野和指挥能力得以增强，驾驶员后方的座位用于步兵乘坐。BMP-2步兵战车的动力装置为1台水冷柴油发动机，功率为294千瓦。机动部件结构紧凑，主离合器、变速箱及转向装置组合为一体。BMP-2步兵战车能利用履带划水，以8千米/小时的速度在水上行驶。

　　BMP-2步兵战车的主炮为1门30毫米高平两用机关炮，弹药基数500发，可自动装填，也可人工装填。除主炮外，还有1具反坦克导弹发射器，配有4枚红外制导的"拱肩"反坦克导弹，其中1枚处于待发状态。BMP-2步兵战车的辅助武器为1挺7.62毫米机枪，弹药基数2000发。此外，炮塔两侧各有3具烟幕弹发射器。

▲ BMP-2步兵战车侧面视角

▼ BMP-2步兵战车在雪地行驶

# BMP-3 步兵战车

| | |
|---|---|
| 英语名称： | BMP-3 Infantry Fighting Vehicle |
| 研制国家： | 苏联 |
| 制造厂商： | 库尔干机器制造厂 |
| 重要型号： | BMP-3、BMP-3M/K/F |
| 生产数量： | 2000辆以上 |
| 生产时间： | 1987年至今 |
| 主要用户： | 苏联陆军、俄罗斯陆军、韩国陆军、乌克兰陆军 |

Tanks And Armoured Vehicles

| 基本参数 | |
|---|---|
| 长度 | 7.14米 |
| 宽度 | 3.2米 |
| 高度 | 2.4米 |
| 重量 | 18.7吨 |
| 最大速度 | 72千米/小时 |
| 最大行程 | 600千米 |

**BMP-3步兵战车**的车身和炮塔是铝合金焊接结构，一些重要部分添加了其他钢材以加强强度和刚性。BMP-3步兵战车的驾驶员有5具潜望镜，使其对周围有良好的观察能力。BMP-3步兵战车的动力组件由BMP-1、BMP-2步兵战车的车头改为在车尾，为了乘员进出而在车尾加上两道有脚踏的车门。如同BMP-2步兵战车一样，BMP-3步兵战车也可在水上行驶，它在水上行驶时改为由发动机带动一个喷水器向后方喷水。

BMP-3步兵战车的火力极为强大，炮塔上装有1门100毫米2A70型线膛炮，此炮能发射破片榴弹和AT-10炮射反坦克导弹。在2A70型线膛炮的右侧为30毫米2A72型机炮，最大射速为330发/分，炮口初速为980米/秒，发射的弹种有穿甲弹和榴弹等。BMP-3步兵战车的辅助武器为3挺7.62毫米PKT机枪，分别备弹2000发。

# T-15"阿玛塔"步兵战车

| 英语名称： |
|---|
| T-15 Armata Infantry Fighting Vehicle |
| 研制国家：俄罗斯 |
| 制造厂商：乌拉尔车辆厂 |
| 重要型号：T-15、BMP-KSh |
| 生产数量：30辆以上 |
| 生产时间：2015年至今 |
| 主要用户：俄罗斯陆军 |

| 基本参数 | |
|---|---|
| 长度 | 11米 |
| 宽度 | 3.7米 |
| 高度 | 3.3米 |
| 重量 | 48吨 |
| 最大速度 | 70千米/小时 |
| 最大行程 | 550千米 |

　　**T-15"阿玛塔"步兵战车**是一种重型履带式步兵战车，预计将逐步取代俄罗斯陆军中服役已久的BMP-2步兵战车。该战车基于T-14"阿玛塔"主战坦克的底盘，并采用与"库尔干人-25"装甲车相同的"时代"无人炮塔。2015年5月9日，T-15"阿玛塔"步兵战车在莫斯科胜利日阅兵式上首次公开亮相。

　　T-15"阿玛塔"步兵战车的动力系统布置于车体前部，车首加装了两块大型整体附加装甲，形成楔形车首结构。这些附加装甲与基础装甲之间存在较大间隙，能够有效增强对破甲弹的防护能力。由于配备"时代"无人炮塔，T-15"阿玛塔"步兵战车的火力与"库尔干人-25"装甲车和"回旋镖"装甲输送车相当。

# BTR-60 装甲输送车

| | |
|---|---|
| 英语名称: | BTR-60 Armored Personnel Carrier |
| 研制国家: | 苏联 |
| 制造厂商: | 嘎斯汽车集团 |
| 重要型号: | BTR-60、BTR-60P/PA/PU/PB |
| 生产数量: | 25000辆 |
| 生产时间: | 1960～1976年 |
| 主要用户: | 苏联陆军、俄罗斯陆军、古巴陆军、埃及陆军、以色列陆军 |

Tanks And Armoured Vehicles

★★★

| 基本参数 | |
|---|---|
| 长度 | 7.56米 |
| 宽度 | 2.83米 |
| 高度 | 2.31米 |
| 重量 | 10.3吨 |
| 最大速度 | 80千米/小时 |
| 最大行程 | 500千米 |

**BTR-60装甲输送车**是苏联于20世纪60年代研制的轮式装甲输送车,1961年开始装备基型车BTR-60P,1963年开始装备改进型BTR-60PA,1966年开始装备BTR-60PU指挥车和BTR-60PB对空联络车。BTR-60装甲输送车的车体由装甲钢板焊接而成,前部为驾驶舱,中部为载员舱,后部为动力舱。驾驶员位于车前左侧、车长和驾驶员除通过观察孔直接观察之外,还各有1具潜望镜(夜间可换上红外潜望镜)。车长前上方有1个红外探照灯,步兵坐在载员舱内长椅上。载员舱两侧各有3个射击孔。

BTR-60装甲输送车可以水陆两用,水上利用车后的一个喷水推进器行驶。喷水推进器由铝制外壳、螺旋桨、蜗杆减速器和防水活门组成。入水前先在车首竖起防浪板。此防浪板平时叠放在前下甲板上。车体前部通常有1挺装在枢轴上的7.62毫米机枪,或者12.7毫米机枪。

# BTR-80 装甲输送车

| 英语名称： | BTR-80 Armored Personnel Carrier |
|---|---|
| 研制国家： | 苏联 |
| 制造厂商： | 阿尔扎马斯机械制造厂 |
| 重要型号： | BTR-80、BTR-80A/K/M |
| 生产数量： | 5000辆以上 |
| 生产时间： | 1984年至今 |
| 主要用户： | 苏联陆军、俄罗斯陆军、土耳其陆军、罗马尼亚陆军、以色列陆军 |

| 基本参数 | |
|---|---|
| 长度 | 7.7米 |
| 宽度 | 2.9米 |
| 高度 | 2.41米 |
| 重量 | 13.6吨 |
| 最大速度 | 90千米/小时 |
| 最大行程 | 600千米 |

**BTR-80装甲输送车**是苏联于20世纪80年代研制的轮式装甲车，主要用于人员输送。该车的驾驶舱位于前部，驾驶员在左、车长在右，并装有供昼夜观察和驾驶的仪器、面板、操纵装置、电台及车内通过话器等。车长位置的前甲板上有1个球形射孔。车长和驾驶员的后面各有1个步兵座位。车长的右前倾斜甲板上还有1个供步兵用的射孔。炮塔位于车体中央位置，载员舱在炮塔之后，6名步兵背靠背坐在当中的长椅上。

BTR-80装甲车的炮塔顶部可360度旋转，其上装有1挺14.5毫米KPVT大口径机枪，辅助武器为1挺7.62毫米PKT同轴机枪。车内可携带2枚9K34或9K38"针"式单兵防空导弹和1具RPG-7式反坦克火箭筒。该车可以水陆两用，水上行驶时靠车后单个喷水推进器推进。

# BTR-82 装甲输送车

| 英语名称： |
|---|
| BTR-82 Armoured Personnel Carrier |
| 研制国家：俄罗斯 |
| 制造厂商：阿尔扎马斯机械制造厂 |
| 重要型号： |
| BTR-82、BTR-82A、BTR-82AM |
| 生产数量：1000辆以上 |
| 生产时间：2011年至今 |
| 主要用户：俄罗斯陆军 |

| 基本参数 | |
|---|---|
| 长度 | 7.7米 |
| 宽度 | 2.9米 |
| 高度 | 2.41米 |
| 重量 | 13.6吨 |
| 最大速度 | 90千米/小时 |
| 最大行程 | 600千米 |

**BTR-82装甲输送车**是BTR-80装甲输送车（8×8）的衍生版本，但仍然延续了BTR-80的一些设计限制，例如后置式发动机。这种布局使得车内人员只能通过侧门离开车辆，从而直接暴露在敌方火力之下。BTR-80装甲输送车能够全方位抵御7.62毫米子弹的攻击，其正面防护装甲还可抵御12.7毫米子弹的攻击。相比之下，BTR-82装甲输送车的防护性能更为优越，但无法加装附加装甲。

BTR-82装甲输送车基本型的主要武器为1挺14.5毫米机枪，改进型BTR-82A安装了1门30毫米机炮，辅助武器为1挺7.62毫米机枪。BTR-80装甲输送车的爬坡度为60%，越墙高度为0.5米，越壕宽度为2米。该车具备水中行驶能力，最大水上速度为10千米/小时。

# BTR-90 装甲输送车

| 基本参数 | |
|---|---|
| 长度 | 7.64米 |
| 宽度 | 3.2米 |
| 高度 | 2.98米 |
| 重量 | 20.9吨 |
| 最大速度 | 100千米/小时 |
| 最大行程 | 800千米 |

| | |
|---|---|
| 英语名称： | BTR-90 Armored Personnel Carrier |
| 研制国家： | 俄罗斯 |
| 制造厂商： | 阿尔扎马斯机械制造厂 |
| 重要型号： | BTR-90、BTR-90M |
| 生产数量： | 200辆以上 |
| 生产时间： | 2004～2011年 |
| 主要用户： | 俄罗斯陆军 |

Tanks And Armoured Vehicles

  **BTR-90装甲输送车**的车体用高硬度装甲钢制造，全焊接装甲结构，内有"凯夫拉"防剥落衬层，并可披挂被动附加装甲。该车具有全方位抵御14.5毫米机枪弹的防护力，披挂附加轻质陶瓷复合装甲后，能防RPG-7火箭弹攻击。针对战场上经常遇到地雷袭击事件，车体底部和载员座椅采取了有效防反坦克地雷伤害的措施。

  BTR-90装甲输送车配备1门30毫米2A42机关炮、1具AGS-17榴弹发射器、1套"竞技神"反坦克导弹系统和1挺7.62毫米机枪，火力较为强大。2A42机关炮采用双弹匣供弹，可在白天和夜间对2.5千米以内包括坦克在内的各种目标实施精确打击。"竞技神"反坦克导弹前端装有伸缩式探针，采用串联空心装药战斗部，专门攻击披挂爆炸反应式装甲的坦克。

# "回旋镖"装甲输送车

| 英语名称： | Bumerang Armoured Personnel Carrier |
|---|---|
| 研制国家： | 俄罗斯 |
| 制造厂商： | 阿尔扎马斯机械制造厂 |
| 重要型号： | VPK-7829、BTR-7829 |
| 生产数量： | 2000辆以上 |
| 生产时间： | 2015年至今 |
| 主要用户： | 俄罗斯陆军 |

| 基本参数 | |
|---|---|
| 长度 | 8.8米 |
| 宽度 | 3.2米 |
| 高度 | 3.2米 |
| 重量 | 34吨 |
| 最大速度 | 100千米/小时 |
| 最大行程 | 800千米 |

"回旋镖"装甲输送车是一种轮式两栖装甲输送车，旨在取代BTR-80系列装甲输送车。2015年，该车在莫斯科胜利日阅兵预演中首次公开亮相。

"回旋镖"装甲输送车的车体高大，前上装甲呈明显倾斜状，车体两侧和车尾基本为竖直结构，炮塔位于车体中央。该车采用先进的陶瓷复合装甲，并应用了最新的防御技术，以降低被炮火击中的概率。其主要武器包括1门30毫米机关炮、1挺遥控操作的7.62毫米机枪（或12.7毫米机枪）以及4枚反坦克导弹。车组人员为3人，可载运9名步兵。与早期BTR系列装甲输送车不同，"回旋镖"装甲输送车的发动机安装在车体前方，而非车尾。车尾配备两具喷水推进装置，使其具备克服水流并快速前进的能力。

# BRDM-2 装甲侦察车

| 英语名称： | BRDM-2 Armored Scout Car |
|---|---|
| 研制国家： | 苏联 |
| 制造厂商： | 杰特科夫设计局 |
| 重要型号： | BRDM-2、BRDM-2UM |
| 生产数量： | 7200辆以上 |
| 生产时间： | 1962～1989年 |
| 主要用户： | 苏联陆军、俄罗斯陆军、埃及陆军、匈牙利陆军、印度陆军、波兰陆军 |

| 基本参数 | |
|---|---|
| 长度 | 5.75米 |
| 宽度 | 2.37米 |
| 高度 | 2.31米 |
| 重量 | 7吨 |
| 最大速度 | 100千米/小时 |
| 最大行程 | 750千米 |

**BRDM-2装甲侦察车**的车体采用全焊接钢装甲结构，可抵挡轻武器射击和炮弹破片，战斗室两侧各有一个射击孔，为扩大乘员观察范围，在射击孔上装有一套突出车体的观察装置。驾驶员在车体前部左侧，车长位于右侧，二者前面都配有装防弹玻璃的观察窗口。为进一步加强防护力，在防弹玻璃外侧上部加设装甲铰链盖。作战时，铰链盖放下，车长和驾驶员通过水平安装在车体上部的昼用潜望镜来观察周围地形。该车在水上利用车体后部的单台喷水推进器驱动，水上最小转弯半径10米。

BRDM-2装甲侦察车的主要武器为1挺14.5毫米KPVT重机枪，携弹500发。其右侧为1挺7.62毫米PKT同轴机枪，携弹2000发。在重机枪的左侧装有1具瞄准镜，以提高射击精度。机枪的高低射界为-5度～+30度。此外，车内还有两支冲锋枪和9枚手雷。

# "虎"式装甲车

| | |
|---|---|
| 英语名称： | Tiger Armoured Vehicle |
| 研制国家： | 俄罗斯 |
| 制造厂商： | 嘎斯汽车集团 |
| 重要型号： | GAZ-2975、GAZ-2330、SP46、STS、SPM-1 |
| 生产数量： | 4万辆以上 |
| 生产时间： | 2004年至今 |
| 主要用户： | 俄罗斯陆军 |

| 基本参数 | |
|---|---|
| 长度 | 5.7米 |
| 宽度 | 2.4米 |
| 高度 | 2.4米 |
| 重量 | 7.2吨 |
| 最大速度 | 140千米/小时 |
| 最大行程 | 1000千米 |

"虎"式装甲车是俄罗斯于21世纪初期研制的轮式轻装甲越野车，2006年正式列装俄罗斯军队，并发展出多种改型车，包括警用车、特种攻击车、反坦克发射车及通信指挥车等。

与俄罗斯以往的越野车相比，"虎"式装甲车的装甲防护能力大幅提升，整车还配备了核生化三防系统。其车体采用厚度为5毫米的热处理防弹装甲板制造，能够有效抵御轻武器射击和爆炸装置的攻击。"虎"式装甲车可搭载多种武器，包括7.62毫米PKP通用机枪、12.7毫米Kord重机枪、AGS-17型30毫米榴弹发射器以及"短号"反坦克导弹发射器等。该车可运载10名全副武装的步兵，最大载荷为1.5吨。在未进行防水准备时，"虎"式装甲车的最大涉水深度约为1米；经过防水处理后，涉水深度可提升至1.5米。

# "库尔干人"-25 装甲车

| 英语名称： |
|---|
| Kurganets-25 Armoured Vehicle |
| 研制国家：俄罗斯 |
| 制造厂商：库尔干机器制造厂 |
| 重要型号： |
| Kurganets-25 IFV/APC/SPAAG/SPG |
| 生产数量：1000辆以上 |
| 生产时间：2015年至今 |
| 主要用户：俄罗斯陆军 |

| 基本参数 | |
|---|---|
| 长度 | 7.2米 |
| 宽度 | 4.1米 |
| 高度 | 3.3米 |
| 重量 | 25吨 |
| 最大速度 | 80千米/小时 |
| 最大行程 | 500千米 |

　　**"库尔干人"-25装甲车**是基于"阿玛塔"通用底盘系统研制的多功能履带式装甲车辆。通过配备不同的炮塔和模块，该平台能够衍生出多种车型，包括步兵战车、装甲输送车、空降战车、履带式装甲运输车以及自行反坦克炮等。

　　与俄罗斯陆军此前使用的步兵战车及装甲输送车相比，"库尔干人"-25装甲车的内部空间更为宽敞。其发动机前置设计显著提升了乘员的舒适性和安全性。步兵战车型配备"时代"无人炮塔，主要武器包括1门2A42型30毫米机炮和1挺7.62毫米PKT同轴机枪，车辆两侧还各装备2枚9M133"短号"反坦克导弹。装甲输送车型安装了12.7毫米机枪的遥控武器系统，但未配备"时代"无人炮塔。由于重量较轻，"库尔干人"-25装甲车在水上的机动性能表现出色。其陆地最大速度为80千米/小时，水中速度为10千米/小时。

# SU-76 自行火炮

| | |
|---|---|
| 英语名称： | SU-76 Self-propelled Gun |
| 研制国家： | 苏联 |
| 制造厂商： | 嘎斯汽车集团 |
| 重要型号： | SU-76、SU-76M、SU-76B |
| 生产数量： | 14292辆 |
| 生产时间： | 1942~1945年 |
| 主要用户： | 苏联陆军、波兰陆军、古巴陆军 |

| 基本参数 | |
|---|---|
| 长度 | 4.88米 |
| 宽度 | 2.73米 |
| 高度 | 2.17米 |
| 重量 | 10.6吨 |
| 最大速度 | 45千米/小时 |
| 最大行程 | 320千米 |

**SU-76自行火炮**使用T-70轻型坦克改装的底盘，加长了车体和履带，每侧负重轮由5个改为6个，其火炮口径由早期的45毫米增大至76.2毫米，用固定炮塔取代了旋转炮塔。SU-76自行火炮的车体分为三个部分，前方为驾驶舱，驾驶员坐在车身左方，其右方为变速器。驾驶舱后方为发动机舱，装有两台GAZ-203汽油发动机。发动机舱后为战斗舱，安装1门76.2毫米ZiS-3加农炮。

SU-76自行火炮的优点是车身低矮，机动性强，能够在沼泽及森林等不良地形中行驶，与步兵协同作战时，可以直接用火力摧毁敌军碉堡或其他加固的建筑物。战争后期，SU-76自行火炮也被大量使用在巷战中，但是它开放的上部结构导致防护能力较弱，往往一个手榴弹就可以杀死所有的乘员。

# SU-85 坦克歼击车

| 英语名称: | SU-85 Tank Destroyer |
|---|---|
| 研制国家: | 苏联 |
| 制造厂商: | 乌拉尔车辆厂 |
| 重要型号: | SU-85、SU-85M |
| 生产数量: | 2050辆 |
| 生产时间: | 1943～1944年 |
| 主要用户: | 苏联陆军 |

| 基本参数 | |
|---|---|
| 长度 | 8.15米 |
| 宽度 | 3米 |
| 高度 | 2.45米 |
| 重量 | 29.6吨 |
| 最大速度 | 55千米/小时 |
| 最大行程 | 400千米 |

**SU-85坦克歼击车**采用著名的T-34中型坦克的底盘，早期的苏联自行火炮不是用来作为突击炮（如SU-122自行火炮），就是当作具有机动力的反坦克武器，而SU-85坦克歼击车就属于后者。SU-85坦克歼击车的发动机、传动装置以及大量其他部件都与T-34中型坦克通用，便于苏军装甲兵迅速掌握新车使用方法。最初的SU-85坦克歼击车装有车长的装甲舱盖，后来改为一个标准的车长指挥塔。后期的型号还改进了观测装置，乘员可以全方位观测。

SU-85坦克歼击车的主炮是1门85毫米D-5T火炮，携带48发炮弹。此外，车内还有1500发乘员使用的冲锋枪子弹、24枚F-1型手榴弹以及5枚反坦克手榴弹。1943年9月，苏军在强渡第聂伯河战役中首次使用了SU-85坦克歼击车，良好的性能使其备受欢迎。

# SU-100 坦克歼击车

| 英语名称： | SU-100 Tank Destroyer |
| --- | --- |
| 研制国家： | 苏联 |
| 制造厂商： | 乌拉尔车辆厂 |
| 重要型号： | SU-100、SU-100M |
| 生产数量： | 2335辆 |
| 生产时间： | 1944~1945年 |
| 主要用户： | 苏联陆军 |

| 基本参数 | |
| --- | --- |
| 长度 | 9.45米 |
| 宽度 | 3米 |
| 高度 | 2.25米 |
| 重量 | 31.6吨 |
| 最大速度 | 48千米/小时 |
| 最大行程 | 320千米 |

**SU-100坦克歼击车**的车体取自SU-85坦克歼击车，前装甲厚度从45毫米增加到75毫米。新的车长指挥塔安装在车顶，还装有MK-IV观测仪，另外还安装了一对通风器，便于排出车内浑浊气体。SU-100坦克歼击车具有一个经典的设计，车体前部有一个装有100毫米D-10S火炮的战斗隔室，发动机和传动系统则在后部有一个专门的隔室。传动室内有两个油箱和一对空气过滤器。坦克控制、火力、弹药、无线电以及前部油箱都被安置在战斗室内，驾驶装置完全沿用T-34中型坦克。

SU-100坦克歼击车的火力强大，机动性能良好，火炮射速为每分钟5~6发，它可以在很远的距离上击穿德军坦克的前装甲。它的穿甲弹可以在2000米的距离上垂直击穿125毫米的装甲，1000米的距离上它几乎可以将所有型号的德军坦克和装甲车辆摧毁。

# BMPT 坦克支援战车

| 英语名称: | BMPT Tank Support Combat Vehicle |
|---|---|
| 研制国家: | 俄罗斯 |
| 制造厂商: | 乌拉尔车辆厂 |
| 重要型号: | BMPT、BMPT-72 |
| 生产数量: | 30辆以上 |
| 生产时间: | 2002年至今 |
| 主要用户: | 俄罗斯陆军 |

| 基本参数 | |
|---|---|
| 长度 | 7.2米 |
| 宽度 | 3.8米 |
| 高度 | 3.4米 |
| 重量 | 48吨 |
| 最大速度 | 60千米/小时 |
| 最大行程 | 550千米 |

**BMPT坦克支援战车**是俄罗斯研制的装甲车辆，设计用于支援坦克和步兵的作战行动，特别是在城市巷战环境中。由于其强大的火力配备，BMPT坦克支援战车获得了"终结者"的非正式绰号。

BMPT坦克支援战车基于T-90主战坦克的底盘设计，因此其防护性能在当今世界大多数主战坦克中都处于较高水平。此外，该战车还可安装额外的装甲，以进一步增强其防护能力。其主要武器包括4枚9M120反坦克导弹和2门30毫米希普诺夫2A42型机炮，机炮的备弹量为850发。辅助武器系统则配备2门30毫米自动榴弹发射器，备弹量为600发，以及1挺7.62毫米PKTM同轴机枪，其备弹量为2000发。

# IMR-2 战斗工程车

| 英语名称: | IMR-2 Combat Engineer Vehicle |
|---|---|
| 研制国家: | 苏联 |
| 制造厂商: | 乌拉尔车辆厂 |
| 重要型号: | IMR-2M1、IMR-2M2、IMR-2MA、IMR-3M |
| 生产数量: | 659辆 |
| 生产时间: | 1982~1990年 |
| 主要用户: | 苏联陆军、俄罗斯陆军 |

| 基本参数 | |
|---|---|
| 长度 | 9.55米 |
| 宽度 | 4.35米 |
| 高度 | 3.68米 |
| 重量 | 44.3吨 |
| 最大速度 | 50千米/小时 |
| 最大行程 | 500千米 |

**IMR-2战斗工程车**是苏联研制的重型履带式战斗工程车,于1983年开始服役。苏联解体后,该车仍在俄罗斯军队中服役。

IMR-2战斗工程车由履带式底盘、通用推土铲、吊杆和车辙式扫雷犁组成。车上装有防护系统,可抵御大规模杀伤性武器的破坏,同时还配备烟幕施放系统及发动机舱自动灭火装置。其自卫武器为1挺12.7毫米高平两用机枪。IMR-2战斗工程车能够完成清障、构筑行军公路、扫雷、挖掘掩体等工程作业。其开辟岩石障碍通路的速度为0.30~0.35千米/小时,挖掘深度为1.1~1.3米的壕沟的速度为5~10米/小时。吊臂的最大起吊重量为2吨,伸出的最大长度为8.4米,平均扫雷速度为6~15千米/小时。

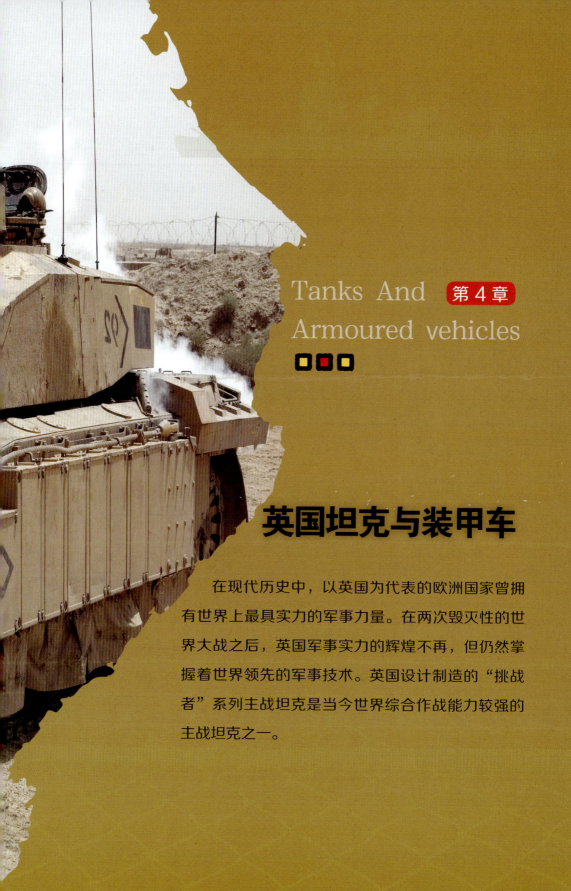

# Tanks And Armoured vehicles

第 4 章

## 英国坦克与装甲车

在现代历史中，以英国为代表的欧洲国家曾拥有世界上最具实力的军事力量。在两次毁灭性的世界大战之后，英国军事实力的辉煌不再，但仍然掌握着世界领先的军事技术。英国设计制造的"挑战者"系列主战坦克是当今世界综合作战能力较强的主战坦克之一。

# 维克斯六吨坦克

| 英语名称: | Vickers 6-Ton Tank |
|---|---|
| 研制国家: | 英国 |
| 制造厂商: | 维克斯公司 |
| 重要型号: | Type A、Type B |
| 生产数量: | 153辆 |
| 生产时间: | 1929~1939年 |
| 主要用户: | 英国陆军、希腊陆军、波兰陆军、泰国陆军、西班牙陆军 |

| 基本参数 | |
|---|---|
| 长度 | 4.88米 |
| 宽度 | 2.41米 |
| 高度 | 2.16米 |
| 重量 | 7.3吨 |
| 最大速度 | 35千米/小时 |
| 最大行程 | 160千米 |

　　**维克斯六吨坦克**是一种轻型坦克,其车身采用当时技术成熟的铆焊制法,为了保持一定程度的机动性,装甲略显薄弱。车体装甲初期设计最厚为13毫米,但可接受需求增厚至17毫米。动力装置为维克斯公司研制的直立四缸汽油发动机,可让坦克在铺装路面上以35千米/小时的速度前进。该坦克采用台车式悬吊系统,双轨构造,左右各4对。这种悬吊系统被认为是一种相当好的系统,可以承受长距离行驶。

　　维克斯六吨坦克的武器有两种构型:A构型为双炮塔,每个炮塔搭载1挺维克斯机枪;B构型为单炮塔,炮塔为双人式,搭载1挺机枪及1门短管47毫米榴弹炮。B构型在当时属于新设计,双人炮塔可以让车长专心观测,将火力装填的任务交给装填手,从而具备即时射击的能力。这种新设计受到肯定,并被后来大多数的新型坦克采用。

第 4 章 英国坦克与装甲车

## "蝎"式轻型坦克

| | |
|---|---|
| 英语名称： | Scorpion Light Tank |
| 研制国家： | 英国 |
| 制造厂商： | 阿尔维斯汽车公司 |
| 重要型号： | FV 101 |
| 生产数量： | 3500辆 |
| 生产时间： | 1973～1978年 |
| 主要用户： | 英国陆军、比利时陆军、泰国陆军、伊朗陆军、约旦陆军 |

Tanks And Armoured Vehicles

| 基本参数 | |
|---|---|
| 长度 | 4.79米 |
| 宽度 | 2.35米 |
| 高度 | 2.1米 |
| 重量 | 8.1吨 |
| 最大速度 | 79千米/小时 |
| 最大行程 | 644千米 |

　　**"蝎"式轻型坦克**的车体为铝合金全焊接结构，驾驶员位于车体前部左侧，动力舱在前部右侧，战斗舱在后部。驾驶员有1个单扇舱盖，装有1具广角潜望镜，夜间可换为"皮尔金顿"被动式潜望镜。车长位于铝合金全焊接结构的炮塔左侧，炮长在右侧，各有1个单扇舱盖。该坦克采用扭杆悬挂，在前后负重轮安装有液压杠杆式减震器。无线电设备安装在炮塔尾舱，车后部有三防装置。履带为钢制但重量轻，而且带橡胶衬套和衬垫，在公路和越野行驶条件下寿命为5000千米。

　　"蝎"式轻型坦克装有1门76毫米L23型火炮，火炮借助液气复进机返回发射位置，通过一个半自动凸轮打开炮闩，空弹壳退出，炮门开启，等待下次装填。辅助武器方面，"蝎"式轻型坦克在主炮左侧有1挺7.62毫米同轴机枪，炮塔两侧各有1具四联装烟幕弹发射器。

# "马蒂尔达" 步兵坦克

| 英语名称： | Matilda Infantry Tank |
|---|---|
| 研制国家： | 英国 |
| 制造厂商： | 维克斯公司 |
| 重要型号： | Matilda Ⅰ/Ⅱ |
| 生产数量： | 3127辆 |
| 生产时间： | 1938～1943年 |
| 主要用户： | 英国陆军 |

| 基本参数 | |
|---|---|
| 长度 | 5.61米 |
| 宽度 | 2.59米 |
| 高度 | 2.52米 |
| 重量 | 26.9吨 |
| 最大速度 | 24千米/小时 |
| 最大行程 | 258千米 |

"马蒂尔达"步兵坦克Ⅰ型的防护力较强，车体正面装甲厚60毫米，炮塔的四周均为65毫米厚的钢装甲。动力装置为福特8缸汽油发动机，最大功率仅51.5千瓦。Ⅱ型的装甲进一步加强，动力装置为两台直列6缸柴油发动机，单台最大功率为64千瓦。后来生产的Ⅱ型换装功率更大的柴油发动机，总功率达到140千瓦。双发动机布置方案虽然有一定的动力优势，但也带来了占用车内空间和同步协调等问题。

由于设计思想的限制，Ⅰ型的主要武器仅有1挺7.7毫米机枪，火力太弱。后来虽然换装了12.7毫米机枪，但由于原来的炮塔太小，乘员操纵射击非常费劲。Ⅱ型的主要武器为QF 2磅炮，口径为40毫米，身管长为52倍口径。其辅助武器为1挺7.92毫米同轴机枪，弹药基数2925发。

## "瓦伦丁"步兵坦克

| 英语名称： | Valentine Infantry Tank |
| --- | --- |
| 研制国家： | 英国 |
| 制造厂商： | 维克斯公司 |
| 重要型号： | Valentine Ⅰ/Ⅱ/Ⅲ/Ⅳ/Ⅴ |
| 生产数量： | 8275辆 |
| 生产时间： | 1940～1944年 |
| 主要用户： | 英国陆军、加拿大陆军、澳大利亚陆军、新西兰陆军 |

| 基本参数 | |
| --- | --- |
| 长度 | 5.41米 |
| 宽度 | 2.63米 |
| 高度 | 2.27米 |
| 重量 | 16吨 |
| 最大速度 | 24千米/小时 |
| 最大行程 | 140千米 |

"瓦伦丁"步兵坦克的装甲虽然比不上同时代的"马蒂尔达"步兵坦克，车身前后左右为60毫米，炮塔四周也只有65毫米，但是这样的设计在同级别坦克里已属不错。动力装置方面，Ⅰ型使用AEC A189汽油发动机，Ⅱ型、Ⅲ型和Ⅵ型使用AEC A190汽油发动机，Ⅳ型、Ⅴ型和Ⅶ～Ⅺ型则使用GMC 6004发动机，这些发动机的功率都不是很大，优点是着火概率较小。由于构造简单，"瓦伦丁"步兵坦克的生产相对容易，造价也比较便宜。

"瓦伦丁"步兵坦克Ⅰ型～Ⅶ型的主要武器是1门与"马蒂尔达"步兵坦克相同的40毫米火炮、Ⅷ型～Ⅹ型是1门57毫米火炮，最后的Ⅺ型是1门75毫米反坦克炮。各型的辅助武器都是1挺7.92毫米同轴机枪。该坦克的变型车有自行反坦克炮、自行榴弹炮和坦克架桥车等。

# "丘吉尔"步兵坦克

| 英语名称：Churchill Infantry Tank |
|---|
| 研制国家：英国 |
| 制造厂商：沃克斯豪尔公司 |
| 重要型号：Churchill Ⅰ/Ⅱ/Ⅲ/Ⅳ/Ⅴ |
| 生产数量：7368辆 |
| 生产时间：1941～1945年 |
| 主要用户：英国陆军、印度陆军、约旦陆军 |

Tanks And Armoured Vehicles

| 基本参数 | |
|---|---|
| 长度 | 7.4米 |
| 宽度 | 3.3米 |
| 高度 | 2.5米 |
| 重量 | 38.5吨 |
| 最大速度 | 24千米/小时 |
| 最大行程 | 90千米 |

　　**"丘吉尔"步兵坦克**型号十分繁杂，共有18种车型。其中主要的是Ⅰ～Ⅷ型，它们的战斗全重都接近40吨，乘员5人。依型号不同，车体的长度、宽度和高度也小有区别。车体内部由前至后分别为：驾驶室、战斗室、动力-传动舱。驾驶室中，右侧是驾驶员，左侧是副驾驶员（兼任前机枪手）。中部的战斗室内有3名乘员，即车长、炮长和装填手。

　　Ⅰ型的主要武器为1门40毫米火炮，此外在车体前部还装有1门76.2毫米的短身管榴弹炮。自Ⅱ型开始，均取消了车体前部的短身管榴弹炮，而代之以7.92毫米机枪。Ⅲ型采用了焊接炮塔，其主炮换为57毫米加农炮，大大提高了坦克火力。Ⅳ型仍采用57毫米火炮，但又改为铸造炮塔。Ⅵ型和Ⅶ型都采用了75毫米火炮，Ⅴ型和Ⅷ型则采用了短身管的95毫米榴弹炮。

# "十字军"巡航坦克

| | |
|---|---|
| 英语名称: | Crusader Cruiser Tank |
| 研制国家: | 英国 |
| 制造厂商: | 纳菲尔特公司 |
| 重要型号: | Crusader Ⅰ/Ⅱ/Ⅲ |
| 生产数量: | 5300辆 |
| 生产时间: | 1940~1943年 |
| 主要用户: | 英国陆军、澳大利亚陆军、加拿大陆军 |

Tanks And Armoured Vehicles ★★★

| 基本参数 | |
|---|---|
| 长度 | 5.97米 |
| 宽度 | 2.77米 |
| 高度 | 2.24米 |
| 重量 | 19.7吨 |
| 最大速度 | 43千米/小时 |
| 最大行程 | 322千米 |

"十字军"巡航坦克Ⅰ型除了主炮塔外，车体前部左侧还有一个小机枪塔，可以小幅度转动。Ⅱ型是Ⅰ型的装甲强化型，其特点是所有的装甲厚度都加厚了6~10毫米，车体正面和炮塔正面焊接上14毫米厚的附加装甲板。Ⅲ型的生产数量最多，乘员人数减为3人，取消了前机枪手和装填手。该坦克的车体和炮塔以铆接式结构为主，三种型号的装甲都比较薄弱。

Ⅰ型和Ⅱ型的主要武器是1门40毫米火炮，辅助武器为2挺7.92毫米机枪。此外，车内还有1挺用于防空的布伦轻机枪，但不是固定武器。Ⅲ型换装了57毫米火炮，炮塔也重新设计。辅助武器是1挺7.92毫米同轴机枪，弹药基数为5000发。虽然"十字军"坦克的速度远胜于同时期德军坦克，但存在火力差、装甲薄弱和可靠性不足的问题。

# "克伦威尔"巡航坦克

| 英语名称： | Cromwell Cruiser Tank |
|---|---|
| 研制国家： | 英国 |
| 制造厂商： | 伯明翰铁路公司 |
| 重要型号： | Cromwell Ⅰ/Ⅱ/Ⅲ/Ⅳ/Ⅴ |
| 生产数量： | 4016辆 |
| 生产时间： | 1944～1945年 |
| 主要用户： | 英国陆军、波兰陆军、以色列陆军、希腊陆军 |

| 基本参数 | |
|---|---|
| 长度 | 6.35米 |
| 宽度 | 2.91米 |
| 高度 | 2.83米 |
| 重量 | 28吨 |
| 最大速度 | 64千米/小时 |
| 最大行程 | 270千米 |

"克伦威尔"巡航坦克的车体和炮塔多为焊接结构,有的为铆接结构,装甲厚度为8~76毫米。Ⅰ型、Ⅱ型、Ⅲ型的战斗全重约28吨,乘员5人。发动机为V12水冷式汽油发动机,功率441千瓦。传动装置有4个前进挡和1个倒挡,行动装置采用克里斯蒂悬挂装置。

"克伦威尔"巡航坦克Ⅰ型、Ⅱ型和Ⅲ型的主要武器是1门57毫米火炮,辅助武器有1挺7.92毫米同轴机枪和1挺7.92毫米前机枪。Ⅳ型、Ⅴ型、Ⅶ型坦克换装了75毫米火炮,增装了炮口制退器,发射的弹种由以穿甲弹为主转向以榴弹为主。Ⅵ型、Ⅷ型坦克换装了95毫米榴弹炮。由于装备部队的时间较晚,加上火炮威力相对较弱,"克伦威尔"巡航坦克在二战中发挥的作用有限,但在诺曼底战役及随后的进军中也为战争的胜利做出过贡献。

# "彗星"巡航坦克

| | |
|---|---|
| 英语名称: | Comet Cruiser Tank |
| 研制国家: | 英国 |
| 制造厂商: | 里兰德汽车公司 |
| 重要型号: | Model A、Model B |
| 生产数量: | 1186辆 |
| 生产时间: | 1944年 |
| 主要用户: | 英国陆军、芬兰陆军、南非陆军、缅甸陆军 |

| 基本参数 | |
|---|---|
| 长度 | 6.55米 |
| 宽度 | 3.04米 |
| 高度 | 2.67米 |
| 重量 | 33吨 |
| 最大速度 | 51千米/小时 |
| 最大行程 | 250千米 |

"彗星"巡航坦克的车身和炮塔均采用焊接方式制造,其车身正面装甲和"克伦威尔"巡航坦克一样采取垂直结构的传统设计,而同时期其他国家的主力坦克都已部分或全面采用了避弹角度较佳的倾斜装甲,这导致"彗星"巡航坦克的装甲防护处于劣势。不过,"彗星"巡航坦克尽可能增加了装甲厚度,车重较"克伦威尔"巡航坦克增加了5吨。装甲最厚达102毫米,使它能抵挡德国大部分反坦克武器的攻击。

"彗星"巡航坦克的主要武器为1门77毫米火炮,备弹61发。辅助武器为2挺7.92毫米贝莎机枪,备弹5175发。得益于77毫米火炮,"彗星"巡航坦克也成为英国在战时设计的坦克中,少数能够对抗德国战争末期重型坦克的有力装备之一。战场上的"彗星"巡航坦克也作为装甲运兵车使用,为防止车尾排气管灼伤乘坐在车身上的步兵,加装了护罩。

# "谢尔曼萤火虫" 中型坦克

| 英语名称： | Sherman Firefly Medium Tank |
|---|---|
| 研制国家： | 英国 |
| 制造厂商： | 皇家炮兵工厂 |
| 重要型号： | Sherman Firefly |
| 生产数量： | 2000辆 |
| 生产时间： | 1943～1945年 |
| 主要用户： | 英国陆军、加拿大陆军、新西兰陆军、波兰陆军、南非陆军 |

| 基本参数 | |
|---|---|
| 长度 | 7.77米 |
| 宽度 | 2.64米 |
| 高度 | 2.7米 |
| 重量 | 35.3吨 |
| 最大速度 | 40千米/小时 |
| 最大行程 | 193千米 |

"谢尔曼萤火虫"中型坦克由美国M4"谢尔曼"中型坦克换装主炮改进而来，与后者相比，"谢尔曼萤火虫"中型坦克不仅换装了76.2毫米反坦克炮，炮架及配套的弹药架也变更了位置。车载无线通信系统移动到新设置的焊接在炮塔后部的装甲盒内。炮塔上部装甲板增设装填手出入用舱盖。炮塔侧面的轻武器射击口被取消，用电焊封闭。

"谢尔曼萤火虫"中型坦克装有1门76.2毫米QF反坦克炮，当使用标准的钝头被帽穿甲弹，入射角度为30度时，其主炮可以在500米距离击穿140毫米厚的装甲。若用脱壳穿甲弹，入射角度同样为30度时，在500米远可击穿209毫米厚的装甲。尽管"谢尔曼萤火虫"中型坦克有优秀的反坦克能力，但在对付软目标，如敌人步兵、建筑物和轻装甲的战车时，被认为比一般的M4"谢尔曼"中型坦克要差。

# "土龟"重型坦克

| 英语名称：Tortoise Heavy Tank |
|---|
| 研制国家：英国 |
| 制造厂商：纳菲尔特公司 |
| 重要型号：A39 |
| 生产数量：6辆 |
| 生产时间：1944年 |
| 主要用户：英国陆军 |

Tanks And Armoured Vehicles

| 基本参数 | |
|---|---|
| 长度 | 10米 |
| 宽度 | 3.9米 |
| 高度 | 3米 |
| 重量 | 79吨 |
| 最大速度 | 19千米/小时 |
| 最大行程 | 140千米 |

　　"土龟"重型坦克是一共有7名乘员，即车长、炮手、驾驶员各1名，机枪手和装填手各2名。为了抵挡德军的88毫米炮，"土龟"重型坦克的正面装甲厚达228毫米，炮盾装甲也有所强化。这也导致"土龟"重型坦克重达79吨，而它搭载的劳斯莱斯V12汽油发动机的功率只有450千瓦，所以行驶速度极低，而且难以运送，即便能在二战结束前服役，也难以伴随友军装甲部队前进。

　　"土龟"重型坦克采用固定炮塔，外形类似德国的突击炮，主炮为1门QF 32磅炮（94毫米口径），所发射的是弹体与发射药分装的分离式弹药，搭配被帽穿甲弹的32磅（14.5千克）炮弹，在测试时发现可在900米距离击穿德军的"豹"式中型坦克。"土龟"重型坦克的辅助武器包括1挺同轴机枪、1挺车头机枪及1挺防空机枪，均为7.92毫米贝莎机枪。

## "征服者"重型坦克

| 英语名称 | Conqueror Heavy Tank |
|---|---|
| 研制国家 | 英国 |
| 制造厂商 | 皇家兵工厂 |
| 重要型号 | Conqueror Ⅰ/Ⅱ |
| 生产数量 | 185辆 |
| 生产时间 | 1955～1966年 |
| 主要用户 | 英国陆军 |

| 基本参数 | |
|---|---|
| 长度 | 7.72米 |
| 宽度 | 3.99米 |
| 高度 | 3.18米 |
| 重量 | 64吨 |
| 最大速度 | 35千米/小时 |
| 最大行程 | 161千米 |

"征服者"重型坦克有Ⅰ型和Ⅱ型两种型号，外观上的差别不大，主要不同点为：Ⅰ型在炮管的中部有圆状的配重，而Ⅱ型在其外面又加装了炮膛抽烟装置；Ⅰ型在驾驶员面前有3具潜望镜，而Ⅱ型则为1具广角的潜望镜；Ⅱ型在炮塔后部加装了储物筐。

"征服者"重型坦克的主要武器为1门120毫米L1A1或L1A2线膛炮，身管长为55倍口径。弹药为分装式，弹种有脱壳穿甲弹、碎甲弹两种。炮弹的弹药基数为35发。火炮的俯仰角度为-7度～+15度，火炮的俯仰和炮塔转动采用电动操纵，必要时也可用手动操纵液压马达来实现。该坦克的辅助武器为2挺7.62毫米机枪，一挺是同轴机枪，位于火炮的右侧；另一挺是高射机枪，位于车长指挥塔左侧，可在车内操纵射击。2挺机枪的弹药基数为7500发。

# "百夫长"主战坦克

| 英语名称: | Centurion Main Battle Tank |
|---|---|
| 研制国家: | 英国 |
| 制造厂商: | 里兰德汽车公司 |
| 重要型号: | Centurion Mk 1/2/3/4/5/6/7/8/9 |
| 生产数量: | 4423辆 |
| 生产时间: | 1945~1962年 |
| 主要用户: | 英国陆军、埃及陆军、以色列陆军、印度陆军、加拿大陆军、丹麦陆军 |

| 基本参数 | |
|---|---|
| 长度 | 9.8米 |
| 宽度 | 3.38米 |
| 高度 | 3.01米 |
| 重量 | 52吨 |
| 最大速度 | 35千米/小时 |
| 最大行程 | 450千米 |

  "百夫长"主战坦克的型号众多,但车体结构基本没有太大的改动,车体为焊接结构,两块横隔板将车体分成前后三部分。前部左侧是储存舱,内装弹药和器材箱,右侧为驾驶舱。车体中后部依次是战斗舱和动力舱。由于车体较重、发动机功率不足、燃油储备较少,"百夫长"主战坦克的机动性较差。

  "百夫长"主战坦克Mk 1和Mk 2型装有1门77毫米火炮,Mk 3和Mk 4型改为1门带抽气装置的83.4毫米火炮,携弹65发。从Mk 5型开始换装了105毫米L7线膛炮,发射脱壳穿甲弹时的有效射程为1800米,发射碎甲弹时有效射程为4000米,训练有素的炮长和装填手可使射速达到10发/分。"百夫长"主战坦克的辅助武器为1挺7.62毫米机枪,后期型号增加了1挺12.7毫米机枪。

▲"百夫长"主战坦克正面视角

▼"百夫长"主战坦克侧面视角

# "酋长"主战坦克

| 英语名称： | Chieftain Main Battle Tank |
|---|---|
| 研制国家： | 英国 |
| 制造厂商： | 里兰德汽车公司 |
| 重要型号： | Chieftain Mk 1/2/3/4/5/6/7/8/9 |
| 生产数量： | 2000辆 |
| 生产时间： | 1963~1970年 |
| 主要用户： | 英国陆军、伊朗陆军、伊拉克陆军、约旦陆军 |

| 基本参数 | |
|---|---|
| 长度 | 7.5米 |
| 宽度 | 3.5米 |
| 高度 | 2.9米 |
| 重量 | 55吨 |
| 最大速度 | 48千米/小时 |
| 最大行程 | 500千米 |

"酋长"主战坦克的车体用铸钢件和轧制钢板焊接而成，驾驶舱在前部，战斗舱在中部，动力舱在后部。炮塔用铸钢件和轧制钢板焊接制成，内有3名乘员，装填手在左边，车长和炮长在右边。车长有1个能手动旋转360度的指挥塔，塔上有1个向后打开的单扇舱盖，装填手有1个前后对开的双扇舱盖和1个可以旋转的折叠式30号Mk 1潜望镜。

"酋长"主战坦克的主要武器是1门120毫米L11A5线膛炮，这也是英国主战坦克的特色（其他国家通常都采用法国地面武器系统公司或德国莱茵金属公司的滑膛炮）。该炮采用垂直滑动炮闩，炮管上装有抽气装置和热护套，炮口上装有校正装置。火炮借助炮耳轴弹性地装在炮塔耳轴孔内，这种安装方式可减少由于射击撞击而使坦克损坏的可能性。该炮射速较高，第一分钟可发射8~10发弹，以后射速为6发/分。

▲ "酋长"主战坦克正面视角

▼ "酋长"主战坦克侧面视角

# 维克斯主战坦克

| | |
|---|---|
| 英语名称： | Vickers Main Battle Tank |
| 研制国家： | 英国 |
| 制造厂商： | 维克斯公司 |
| 重要型号： | Vickers Mk 2/3/4/7 |
| 生产数量： | 300辆 |
| 生产时间： | 1963~1994年 |
| 主要用户： | 坦桑尼亚陆军、尼日利亚陆军、肯尼亚陆军、科威特陆军 |

Tanks And Armoured Vehicles

| 基本参数 | |
|---|---|
| 长度 | 7.72米 |
| 宽度 | 3.42米 |
| 高度 | 2.54米 |
| 重量 | 54.64吨 |
| 最大速度 | 72千米/小时 |
| 最大行程 | 1.7米 |

  **维克斯主战坦克**基本上是由"百夫长"主战坦克的底盘和"酋长"主战坦克的动力传动装置组合而成的。不同于英国传统的"防护第一"的指导思想，维克斯主战坦克的基本设计思想是重视火力与机动性。与其他英制现代坦克相比，维克斯主战坦克装甲薄、重量轻、速度快、储备行程大，还能借助尼龙围帐浮渡江河。维克斯主战坦克的驾驶舱在车体前右位置，前左位置是弹药储存仓。车体中部是战斗舱，发动机和传动装置位于车体后部。

  维克斯主战坦克的主要武器是1门105毫米L7A1线膛炮，该炮装有炮口校正装置，可以将修正量直接输给火控计算机，使炮长瞄准镜与火炮瞄准线在任何俯仰角度时都能保持一致。辅助武器为2挺7.62毫米同轴机枪（各备弹1300发），1挺12.7毫米防空机枪（备弹700发）。

# "挑战者"1 主战坦克

| 英语名称：Challenger 1 Main Battle Tank |
|---|
| 研制国家：英国 |
| 制造厂商：皇家兵工厂 |
| 重要型号：FV 4030/4 |
| 生产数量：420辆 |
| 生产时间：1983～1985年 |
| 主要用户：英国陆军、约旦陆军 |

| 基本参数 | |
|---|---|
| 长度 | 11.56米 |
| 宽度 | 3.52米 |
| 高度 | 2.5米 |
| 重量 | 62吨 |
| 最大速度 | 56千米/小时 |
| 最大行程 | 400千米 |

"挑战者"1主战坦克的总体布置与"酋长"主战坦克相似，但由于车体和炮塔均采用"乔巴姆"装甲，所以两者的外形差异很大。"挑战者"1主战坦克体积庞大，其炮塔前部倾角较小，后部有储物筐。这种炮塔设计不利于乘员连续作战，核生化条件下长时间关窗驾驶，容易导致乘员疲劳。该坦克有6对大直径负重轮，裙板下沿覆盖其三分之一处，裙板为规则梯形。

"挑战者"1主战坦克的主炮沿用"酋长"主战坦克的120毫米L11A5线膛炮，可发射L15A4脱壳穿甲弹、L20A1脱壳弹、L31碎甲弹、L34白磷发烟弹和L23A1尾翼稳定脱壳穿甲弹等，备弹64发。辅助武器为1挺与主要武器并列安装的7.62毫米L8A2式机枪和1挺安装在车长指挥塔上的7.62毫米L37A2式高射机枪。

▲ "挑战者"1主战坦克侧面视角

▼ "挑战者"1主战坦克转动炮塔

# "挑战者"2 主战坦克

| 英语名称：Challenger 2 Main Battle Tank |
|---|
| 研制国家：英国 |
| 制造厂商：维克斯公司 |
| 重要型号：Challenger 2、Challenger 2E |
| 生产数量：446辆 |
| 生产时间：1993~2002年 |
| 主要用户：英国陆军、阿曼陆军 |

Tanks And Armoured Vehicles

| 基本参数 | |
|---|---|
| 长度 | 8.3米 |
| 宽度 | 3.5米 |
| 高度 | 3.5米 |
| 重量 | 62.5吨 |
| 最大速度 | 59千米/小时 |
| 最大行程 | 450千米 |

"挑战者"2主战坦克延续"挑战者"1主战坦克重视防护力的思维，大量使用英国开发的第二代"乔巴姆"复合装甲，并增加衰变铀装甲板夹层增强对动能穿甲弹的防护力，内侧增设"凯夫拉"内衬防止破片杀伤乘员。以往坦克车长只拥有广角的搜索瞄准具，而"挑战者"2主战坦克为车长配备了独立的搜索标定瞄准具，大大增加了接战效率。该坦克曾用穿甲弹在5300米距离上击毁1辆伊拉克陆军的T-62主战坦克。

"挑战者"2主战坦克的主炮是BAE系统公司制造的L30A1型120毫米线膛炮，该炮也曾在"挑战者"1和"酋长"主战坦克上使用。该炮可发射尾翼稳定脱壳穿甲弹和高爆破甲弹等多种弹药，坦克车内备弹50发。该坦克的辅助武器为1挺7.62毫米同轴机枪和1挺7.62毫米防空机枪。炮塔两侧各有1组五联装L8烟幕弹发射器，发动机也可以制造烟雾。

第 4 章 英国坦克与装甲车

▲ "挑战者" 2主战坦克开火瞬间

▼ "挑战者" 2主战坦克进行登陆作战

# 通用运载车

| | |
|---|---|
| 英语名称: | Universal Carrier |
| 研制国家: | 英国 |
| 制造厂商: | 维克斯公司 |
| 重要型号: | Mk Ⅰ/Ⅱ |
| 生产数量: | 11.3万辆以上 |
| 生产时间: | 1934~1960年 |
| 主要用户: | 英国陆军 |

| 基本参数 | |
|---|---|
| 长度 | 3.65米 |
| 宽度 | 2.06米 |
| 高度 | 1.57米 |
| 重量 | 3.75吨 |
| 最大速度 | 48千米/小时 |
| 最大行程 | 250千米 |

　　**通用运载车**是一种履带式装甲车,也被称为布伦机枪运输车。该车是一种极具魅力的小型装甲车,其特点是"多用途适应能力",因此它的衍生型用途繁多。通用运载车采用福特V8汽油发动机,功率为85匹马力。比起功能和大小相近的轮式车辆吉普车,使用履带的通用运载车有较高的负载,以负荷薄装甲片和更多的物资。而且履带车辆的越野性能更加优秀,使其在担当任务时拥有特殊优势。不过通用运载车比吉普车重,速度也比吉普车慢。

　　通用运载车可以根据步兵作战环境的不同,随意搭载不同种类的中型或重型武器,包括布伦轻机枪、博伊斯反坦克步枪、维克斯重机枪、M2重机枪以及步兵用反坦克发射器等。该车的用途极度广泛,二战中被赋予了五花八门的任务。

# "萨拉森"装甲输送车

| 英语名称： | Saracen Armored Personnel Carrier |
|---|---|
| 研制国家： | 英国 |
| 制造厂商： | 阿尔维斯汽车公司 |
| 重要型号： | Saracen Mk 1/2/3/4/5/6 |
| 生产数量： | 1100辆以上 |
| 生产时间： | 1952～1970年 |
| 主要用户： | 英国陆军、澳大利亚陆军、南非陆军、约旦陆军、泰国陆军 |

| 基本参数 | |
|---|---|
| 长度 | 4.8米 |
| 宽度 | 2.54米 |
| 高度 | 2.46米 |
| 重量 | 11吨 |
| 最大速度 | 72千米/小时 |
| 最大行程 | 400千米 |

"萨拉森"装甲输送车采用与"萨拉丁"装甲车相同的底盘，而悬挂系统、发动机、传动装置和制动系统有所改良。1952年，"萨拉森"装甲输送车Mk 1型开始批量生产。该车有多种改进型，包括Mk 2型（炮塔为两门式设计，后方炮塔门可折叠成车长专用座位）、Mk 3型（装有水冷装置以适应炎热气候）、Mk 5型（Mk 1型或Mk 2型加装额外装甲的版本）和Mk 6型（Mk 3型加装额外装甲的版本）等。

"萨拉森"装甲输送车为6×6轮式设计，装有B80 Mk 6A汽油发动机，装甲厚16毫米，连同驾驶员和车长共可载11人。一般情况下，"萨拉森"装甲车的车体上装有小型旋转炮塔，炮塔上有1挺L3A4同轴机枪，另有1挺用于平射及防空的布伦轻机枪。在英国陆军中，"萨拉森"装甲输送车主要用作装甲运兵车、装甲指挥车及装甲救护车用途。

经典坦克与装甲车鉴赏指南

# "萨拉丁"装甲车

| 英语名称: | Saladin Armored Car |
|---|---|
| 研制国家: | 英国 |
| 制造厂商: | 阿尔维斯汽车公司 |
| 重要型号: | FV 601、FV 601(D) |
| 生产数量: | 1177辆 |
| 生产时间: | 1958~1972年 |
| 主要用户: | 英国陆军、澳大利亚陆军、约旦陆军、科威特陆军 |

| 基本参数 | |
|---|---|
| 长度 | 4.93米 |
| 宽度 | 2.54米 |
| 高度 | 2.39米 |
| 重量 | 11.6吨 |
| 最大速度 | 72千米/小时 |
| 最大行程 | 400千米 |

"萨拉丁"装甲车采用全焊接钢车体,驾驶舱在前部,战斗舱在中央,动力舱在后部。驾驶员在车内前部,其前面有一个舱盖可折放于斜甲板上以扩大视野。炮塔为全焊接结构,炮长在左,车长(兼装填手)居右,他们各有一个后开的舱盖。车长的舱盖前部有4个潜望镜,后部有1个单回转潜望镜。炮长的舱盖前有1个潜望镜,其下部分放大倍率为6倍,用于瞄准;上部分为1倍,用于观察。动力舱由防火隔板与战斗舱隔开。车内安装有火灾报警和灭火系统。

"萨拉丁"装甲车不能水陆两用,也没有三防装置和夜视设备。车载武器方面,该车装备的是1门76毫米L5A1火炮,采用垂直滑动炮闩和液压弹簧后坐机构。此外,还有1挺7.62毫米同轴机枪和1挺7.62毫米防空机枪。炮塔两侧各有6具烟幕弹发射器,可在车内电操纵发射。

# "弯刀"装甲侦察车

| 英语名称： | Scimitar Reconnaissance vehicle |
|---|---|
| 研制国家： | 英国 |
| 制造厂商： | 阿尔维斯汽车公司 |
| 重要型号： | FV 107 |
| 生产数量： | 589辆 |
| 生产时间： | 1971～1975年 |
| 主要用户： | 英国陆军、拉脱维亚陆军、比利时陆军 |

| 基本参数 | |
|---|---|
| 长度 | 4.9米 |
| 宽度 | 2.2米 |
| 高度 | 2.1米 |
| 重量 | 7.8吨 |
| 最大速度 | 81千米/小时 |
| 最大行程 | 450千米 |

　　**"弯刀"装甲侦察车**是"蝎"式轻型坦克的衍生型之一，其体积小、重量轻，既能空运又能空投，便于巷战使用，擅长穿过山林小道。"弯刀"装甲侦察车的底盘和炮塔与"蝎"式相同，采用铝合金装甲焊接结构，正面防护装甲可抵御14.5毫米穿甲弹攻击，侧面装甲能抗7.62毫米枪弹和炮弹破片的袭击。该车的动力装置为1台4.2升"美洲虎"J60汽油发动机或1台5.9升康明斯柴油发动机。

　　"弯刀"装甲侦察车的主要武器为1门30毫米L30火炮（备弹165发），可迅速单发射击，也可6发连射，空弹壳自动弹出炮塔外。L30火炮在发射脱壳穿甲弹时，可在1500米距离上击穿40毫米厚装甲。主炮左侧有1挺7.62毫米L37A1同轴机枪，炮塔前部两侧各有4具烟幕弹发射器。所有武器装备都是电动操纵，但主炮和同轴机枪也可手动控制。

# "风暴"装甲输送车

| 英语名称：Stormer Armored Personnel Carrier |
|---|
| 研制国家：英国 |
| 制造厂商：阿尔维斯汽车公司 |
| 重要型号：Stormer HVM、Stormer 30 |
| 生产数量：220辆以上 |
| 生产时间：1981年 |
| 主要用户：英国陆军、印度尼西亚陆军、马来西亚陆军、阿曼陆军 |

| 基本参数 | |
|---|---|
| 长度 | 5.27米 |
| 宽度 | 2.76米 |
| 高度 | 2.49米 |
| 重量 | 12.7吨 |
| 最大速度 | 80千米/小时 |
| 最大行程 | 450千米 |

　　"风暴"装甲输送车是阿尔维斯汽车公司在"蝎"式轻型坦克基础上研制的装甲人员输送车，其车体较钝，前上装甲倾斜，驾驶员位于前部左侧，发动机在驾驶员右，车顶水平，车后竖直，有一个向右开启的大门，车体侧面竖直，与车顶交界处有斜面。

　　"风暴"装甲输送车的武器通常安装在车顶前部，其后有舱盖。车体两侧各有6个负重轮，主动轮前置，诱导轮后置，有托带轮，行动装置上部有时有裙板。炮塔两侧待发位置各有4枚"星光"地对空导弹。车顶还可以选择安装多种武器，包括7.62毫米机枪、12.7毫米机枪、20毫米加农炮、25毫米加农炮、30毫米加农炮、76毫米火炮和90毫米火炮。此外，还可以选择安装多种设备，如三防系统、夜视装置、浮渡围帐、射孔/观察窗、自动传动和地面导航系统。

# "武士"步兵战车

| | |
|---|---|
| 英语名称： | Warrior Infantry Fighting Vehicle |
| 研制国家： | 英国 |
| 制造厂商： | BAE系统公司 |
| 重要型号： | FV 510、FV 511、FV 512、FV 513 |
| 生产数量： | 1000辆以上 |
| 生产时间： | 1984年至今 |
| 主要用户： | 英国陆军、科威特陆军 |

### 基本参数

| | |
|---|---|
| 长度 | 6.3米 |
| 宽度 | 3.03米 |
| 高度 | 2.8米 |
| 重量 | 25.4吨 |
| 最大速度 | 75千米/小时 |
| 最大行程 | 660千米 |

"武士"步兵战车采用传统布局，驾驶位于车头左侧，其右为发动机舱，驾驶席设有三具潜望镜。炮塔内有车长与炮手，车尾步兵舱内可容纳7名步兵，由车尾一扇向右开启的电动舱门进出。步兵舱顶设有两扇分别向左、右开启的舱门，步兵能露出上半身观测、射击或跳车。此外，车体左侧还有一个宽而扁的舱门。

"武士"步兵战车的车体中央有一座双人炮塔，装备1门30毫米机炮（备弹250发）和1挺7.62毫米同轴机枪（备弹2000发），炮塔两侧各有1具"陶"式反坦克导弹发射器。该车的装甲以铝合金焊接为主，能抵挡14.5毫米穿甲弹以及155毫米炮弹破片的攻击。"武士"步兵战车拥有核生化防护能力，核生化防护系统为全车加压式，并考虑到了长时间作战下的人员需求。

▲ "武士"步兵战车侧前方视角

▼ 高速行驶的"武士"步兵战车

第 4 章 英国坦克与装甲车

## "射手" 坦克歼击车

| 英语名称： | Archer Tank Destroyer |
|---|---|
| 研制国家： | 英国 |
| 制造厂商： | 维克斯公司 |
| 重要型号： | A30 |
| 生产数量： | 655辆 |
| 生产时间： | 1943~1945年 |
| 主要用户： | 英国陆军、埃及陆军 |

| 基本参数 | |
|---|---|
| 长度 | 6.7米 |
| 宽度 | 2.76米 |
| 高度 | 2.25米 |
| 重量 | 15吨 |
| 最大速度 | 32千米/小时 |
| 最大行程 | 230千米 |

"射手"坦克歼击车是英国以"瓦伦丁"步兵坦克的底盘为基础安装QF 17磅炮而成的一种坦克歼击车。当时，英军使用QF 2磅炮和QF 6磅炮作为坦克的主要武器，在对付德军装甲车辆时火力相当不足，为了快速提高反坦克能力，英军决定把QF 17磅炮安装在当时已经量产的"瓦伦丁"步兵坦克的底盘上，成为"射手"坦克歼击车。

由于"瓦伦丁"步兵坦克的底盘较为细小，无法以旋转炮塔方式加装大型的QF 17磅炮，只能把主炮向后安装，再配备低矮的开顶式固定炮塔，成为一种绝佳的伏击武器，通常发射数发炮弹后就可快速转换位置，无需浪费时间原地旋转车体离开，不过细小的空间令主炮后膛刚好在驾驶座上，发射时驾驶员必须离开驾驶座，避免被后坐力所伤。

# "阿基里斯"坦克歼击车

| 英语名称: | Achilles Tank Destroyer |
|---|---|
| 研制国家: | 英国 |
| 制造厂商: | 皇家兵工厂 |
| 重要型号: | Achilles |
| 生产数量: | 1100辆 |
| 生产时间: | 1943～1944年 |
| 主要用户: | 英国陆军、丹麦陆军 |

| 基本参数 | |
|---|---|
| 长度 | 7.01米 |
| 宽度 | 3.05米 |
| 高度 | 2.57米 |
| 重量 | 29.6吨 |
| 最大速度 | 51千米/小时 |
| 最大行程 | 300千米 |

　　**"阿基里斯"坦克歼击车**是由美国M10坦克歼击车（底盘均为M4"谢尔曼"中型坦克系列）改装而来的坦克歼击车，英军将三分之二的M10坦克歼击车改装成"阿基里斯"坦克歼击车，在二战后期的欧洲战场上广泛应用。二战后"阿基里斯"坦克歼击车还在英军中服役一段时期，在丹麦军队中则一直服役到20世纪70年代初。

　　"阿基里斯"坦克歼击车在M10坦克歼击车的基础上换装了英国制造的17磅反坦克炮，尽管火炮口径仍为76毫米，但由于火炮身管加长，穿甲威力大增。更换主炮后的"阿基里斯"坦克歼击车与"谢尔曼萤火虫"中型坦克极为相似。"阿基里斯"坦克歼击车的炮口制退器，成为它的最主要的外部识别特征。此外，炮口制退器后部加装的圆套管（主要起配重作用），也是"阿基里斯"坦克歼击车很重要的一个外部特征。

# AS-90 自行火炮

| 英语名称: | AS-90 Self-propelled Artillery |
|---|---|
| 研制国家: | 英国 |
| 制造厂商: | BAE系统公司 |
| 重要型号: | AS-90、AS-90D |
| 生产数量: | 179辆 |
| 生产时间: | 1992~1995年 |
| 主要用户: | 英国陆军 |

| 基本参数 | |
|---|---|
| 长度 | 9.07米 |
| 宽度 | 3.5米 |
| 高度 | 2.49米 |
| 重量 | 45吨 |
| 最大速度 | 53千米/小时 |
| 最大行程 | 420千米 |

**AS-90自行火炮** 安装了1门155毫米火炮，身管长为39倍口径，射程并不是很远，但可靠性非常好，在长时间射击时，不会出现过热和烧蚀的现象。AS-90自行火炮的炮塔内留了较大的空间，可以在不做任何改动的情况下换装155毫米52倍径的火炮，动力舱也可以换装更大功率的发动机。155毫米炮弹由半自动装弹机填装，使AS-90自行火炮可以保持较高的射速，充分发扬火力奇袭的作用。

AS-90自行火炮的火控系统非常先进，由惯性动态基准装置、炮塔控制计算机、数据传输装置等组成，可以完成自动测地、自动校准、自动瞄准等工作，使AS-90自行火炮的独立作战能大大提高。AS-90自行火炮的辅助武器为1挺7.62毫米GPMG防空机枪，还有2具五联装烟雾弹发射器。

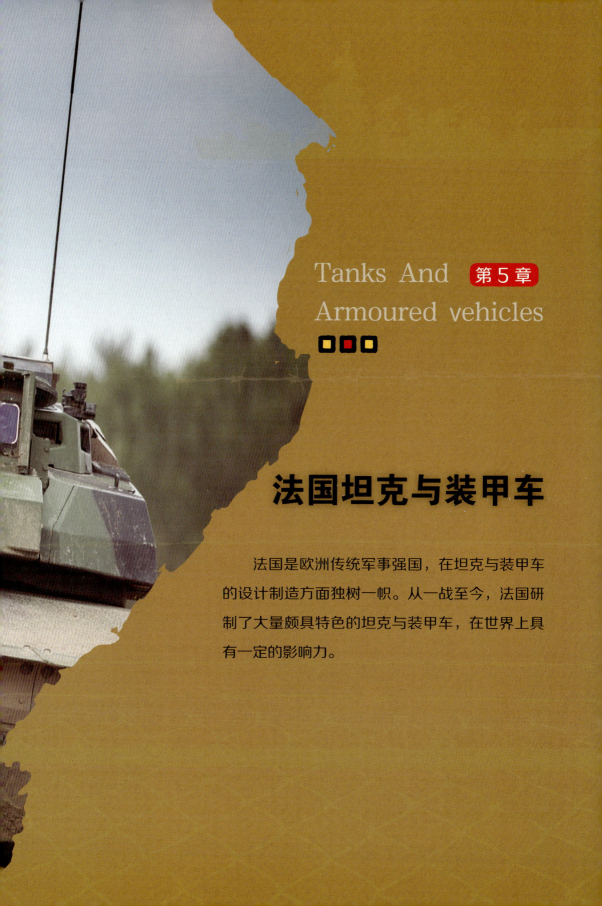

# 第 5 章

Tanks And
Armoured vehicles

## 法国坦克与装甲车

法国是欧洲传统军事强国，在坦克与装甲车的设计制造方面独树一帜。从一战至今，法国研制了大量颇具特色的坦克与装甲车，在世界上具有一定的影响力。

# FT-17 轻型坦克

| 英语名称: | FT-17 Light Tank |
|---|---|
| 研制国家: | 法国 |
| 制造厂商: | 雷诺汽车公司 |
| 重要型号: | FT 75 BS、FT CWS、FT AC |
| 生产数量: | 3200辆 |
| 生产时间: | 1917~1918年 |
| 主要用户: | 法国陆军、波兰陆军、巴西陆军、芬兰陆军、荷兰陆军、西班牙陆军 |

| 基本参数 ||
|---|---|
| 长度 | 5米 |
| 宽度 | 1.74米 |
| 高度 | 2.14米 |
| 重量 | 6.5吨 |
| 最大速度 | 20千米/小时 |
| 最大行程 | 60千米 |

　　**FT-17轻型坦克**是世界上第一种安装旋转炮塔的坦克,被著名历史学家史蒂芬·扎洛加称为"世界第一部现代坦克"。为方便批量生产,FT-17轻型坦克的车身装甲板大部分采用直角设计,便于快速接合。为了改善作战人员的视野与缩小火力死角,设计了可360度转动的炮塔。这些创新的实用设计成为日后各国坦克的设计核心概念。

　　FT-17轻型坦克有四种基本车型:第一种装备1挺8毫米机枪,配子弹4800发;第二种装备1门37毫米短管火炮,配弹237发,装填方式与单发式步枪相似,其炮塔可以通过转动1个炮塔内的手柄来进行旋转;第三种为通信指挥车,将炮塔取消,装有固定装甲舱,并装备1部无线电台;第四种装备75毫米加农炮,没有装备部队。FT-17轻型坦克的装甲最薄处为6毫米,最厚处为22毫米。

# FCM 36 轻型坦克

| 英语名称： | FCM 36 Light Tank |
|---|---|
| 研制国家： | 法国 |
| 制造厂商： | 索玛公司 |
| 重要型号： | FCM 36 |
| 生产数量： | 100辆 |
| 生产时间： | 1938～1939年 |
| 主要用户： | 法国陆军 |

Tanks And Armoured Vehicles

| 基本参数 | |
|---|---|
| 长度 | 4.46米 |
| 宽度 | 2.14米 |
| 高度 | 2.2米 |
| 重量 | 12.4吨 |
| 最大速度 | 24千米/小时 |
| 最大行程 | 225千米 |

　　**FCM 36轻型坦克**是法国在二战时期研制的轻型坦克，也是法国第一种投入量产的使用柴油发动机的坦克。该坦克创造性地采用了焊接技术，一改往日全是铆钉的坦克风格，倾斜的装甲布局和采用柴油发动机也给军方留下了深刻的印象。FCM 36轻型坦克的外观比较现代化，拥有六边形的炮塔和倾斜装甲。作为一种双人坦克，该坦克仅有车长和驾驶员两名乘员。FCM 36轻型坦克采用螺旋弹簧悬挂，有5个前进挡、1个后退挡。动力装置为1台V4柴油发动机，功率为67千瓦。

　　FCM 36坦克的火力较差，只有1门37毫米火炮和1挺7.5毫米同轴机枪。索玛公司曾试图在FCM 36坦克上安装更加强力的火炮，但是因为炮塔焊接技术问题，并没有成功。法国投降后，一些FCM 36坦克被德国装上了75毫米Pak 40火炮，成为"黄鼠狼"驱逐战车。

# AMX-13 轻型坦克

| 英语名称: | AMX-13 Light Tank |
|---|---|
| 研制国家: | 法国 |
| 制造厂商: | 伊希莱姆利诺工厂 |
| 重要型号: | AMX-13(2A)、AMX-13(2B) |
| 生产数量: | 7700辆以上 |
| 生产时间: | 1952～1987年 |
| 主要用户: | 法国陆军、以色列陆军、阿根廷陆军、智利陆军、新加坡陆军 |

| 基本参数 | |
|---|---|
| 长度 | 6.36米 |
| 宽度 | 2.51米 |
| 高度 | 2.35米 |
| 重量 | 13.7吨 |
| 最大速度 | 60千米/小时 |
| 最大行程 | 400千米 |

　　**AMX-13轻型坦克**的车体为钢板焊接结构，前上装甲板有两个舱口，左面是驾驶员舱口，右面是动力传动装置检查舱口。驾驶员舱盖安装3具潜望镜，中间一具可换成红外或微光驾驶仪。车长位于炮塔内左侧，并使用8个潜望镜观察。炮手在其右侧，使用2个潜望镜观察。AMX-13轻型坦克采用雷诺公司8Gxb水冷式汽油发动机，最大功率184千瓦。

　　AMX-13轻型坦克安装1门75毫米火炮，有炮口制退器并采用自动装弹机构。火炮配有穿甲弹和榴弹，弹药基数37发，而后期生产的坦克又增加到44发。辅助武器为1挺7.5毫米或7.62毫米同轴机枪，备弹3600发。炮塔两侧各装有2具烟幕弹发射器。20世纪60年代初，AMX-13轻型坦克换装了90毫米火炮，备弹34发。此外，一些外销版本的AMX-13轻型坦克安装了105毫米火炮。

# S-35 骑兵坦克

| | |
|---|---|
| 英语名称： | S-35 Cavalry tank |
| 研制国家： | 法国 |
| 制造厂商： | 索玛公司 |
| 重要型号： | S-35 |
| 生产数量： | 440辆 |
| 生产时间： | 1935～1940年 |
| 主要用户： | 法国陆军 |

| 基本参数 | |
|---|---|
| 长度 | 5.38米 |
| 宽度 | 2.12米 |
| 高度 | 2.62米 |
| 重量 | 19.5吨 |
| 最大速度 | 40千米/小时 |
| 最大行程 | 230千米 |

　　**S-35骑兵坦克**的炮塔和车体由钢铁铸造而成，具有优美的弧度，无线电对讲机是标准设备，这些独特设计影响了后来的美国M4"谢尔曼"中型坦克和苏联T-34中型坦克。S-35骑兵坦克战斗全重将近20吨，乘员3人，炮塔正面装甲厚度55毫米，车身装甲厚度40毫米，最薄弱的后部也有20毫米，防护效果相当不错。该坦克还有自动灭火系统，关键位置还设有洒出溴甲烷的装置。

　　S-35骑兵坦克装备1门47毫米SA35加农炮，为二战初期西线战场威力较大的坦克炮之一。辅助武器为1挺7.5毫米同轴机枪，可选择性安装。S-35骑兵坦克一共装有118炮弹（其中90枚为穿甲弹，28枚为高爆弹）和2250发机枪子弹。与Char B1重型坦克一样，S-35骑兵坦克的车长要兼任炮手的职务，不但要下达全车指令，还要瞄准、装填炮弹和开火。

# Char B1 重型坦克

| 英语名称： | Char B1 Heavy Tank |
|---|---|
| 研制国家： | 法国 |
| 制造厂商： | 雷诺汽车公司 |
| 重要型号： | Char B1、Char B1 bis |
| 生产数量： | 405辆 |
| 生产时间： | 1935～1940年 |
| 主要用户： | 法国陆军、意大利陆军、克罗地亚陆军 |

| 基本参数 | |
|---|---|
| 长度 | 6.37米 |
| 宽度 | 2.46米 |
| 高度 | 2.79米 |
| 重量 | 30吨 |
| 最大速度 | 28千米/小时 |
| 最大行程 | 200千米 |

  **Char B1重型坦克**采取了隔舱化设计，坦克车体内部分为两个主要舱室，由一个防火隔板隔开。车组成员（车长/炮手，驾驶员/炮手，主炮装填手和机电员）位于前部隔舱内，而发动机、油箱和传动装置则位于后部隔舱。这种设计提高了车体乘员的生存能力。坦克的驾驶舱位于车体中央左部，驾驶舱外壳也是整体铸造的（装甲厚度为48毫米），它与车体的其他部分采用铆接的方式连接。

  Char B1坦克的车体装甲为焊接和铆接的轧制均质装甲，其正面最大装甲厚度为60毫米，侧面装甲厚度也达到了55毫米。该坦克的重量使它在机动时显得十分笨重迟缓，而且主炮塔的设计只能容纳车长一人，必须同时兼顾搜索、装填以及射击等任务，令车长负担太重。Char B1坦克配备47毫米及75毫米火炮各1门，还有2挺7.5毫米机枪。

# ARL 44 重型坦克

| | |
|---|---|
| 英语名称： | ARL 44 Heavy Tank |
| 研制国家： | 法国 |
| 制造厂商： | 吕埃尔工程公司 |
| 重要型号： | ARL 44 |
| 生产数量： | 60辆 |
| 生产时间： | 1944年 |
| 主要用户： | 法国陆军 |

Tanks And Armoured Vehicles

| 基本参数 | |
|---|---|
| 长度 | 10.53米 |
| 宽度 | 3.4米 |
| 高度 | 3.2米 |
| 重量 | 50吨 |
| 最大速度 | 30千米/时 |
| 最大行程 | 350千米 |

　　ARL 44重型坦克的底盘非常长，且十分狭窄，它使用了一个十分过时的小型传动轮的悬挂，使用和Char B1重型坦克一样的履带，导致最大速度只能达到30千米/小时。该坦克的炮塔参考了Char B1重型坦克的设计，能安装由高射炮改装的90毫米DCA火炮，带有炮口制退器。总的来说，ARL 44重型坦克是一个不太令人满意的临时设计。

　　ARL 44重型坦克最初采用1门44倍口径的76毫米火炮，但是这门只有在1000米距离上才能穿透80毫米钢板的火炮很快就被否决了，换装了口径更大的90毫米DCA火炮。ARL 44重型坦克的辅助武器是2挺7.5毫米MAC 31机枪。ARL 44重型坦克的突出特点是采用了压缩空气驱动的导向陀螺仪，在电启动马达失灵时也可以用空气压缩机启动发动机，并备有自封油箱、一体化的润滑系统。

# AMX-30 主战坦克

| 英语名称: | AMX-30 Main Battle Tank |
|---|---|
| 研制国家: | 法国 |
| 制造厂商: | 地面武器工业集团 |
| 重要型号: | AMX-30D/S/B2 |
| 生产数量: | 3571辆 |
| 生产时间: | 1966~1993年 |
| 主要用户: | 法国陆军、西班牙陆军、希腊陆军、委内瑞拉陆军 |

| 基本参数 | |
|---|---|
| 长度 | 9.48米 |
| 宽度 | 3.1米 |
| 高度 | 2.28米 |
| 重量 | 36吨 |
| 最大速度 | 65千米/小时 |
| 最大行程 | 600千米 |

**AMX-30主战坦克**为传统炮塔型坦克,由车体和炮塔两大部分组成。车体用轧制钢板焊接而成。驾驶舱在车体左前方,车体中段是战斗舱,其上有炮塔。车体后部为动力舱。炮塔为铸造件,内有3名乘员。车长位于火炮右侧,炮长位于车长前下方,装填手位置在火炮左侧。大型炮塔尾舱中装有18发炮弹。

AMX-30坦克的主要武器是1门CN-105-F1式105毫米火炮,身管长是口径的56倍,既无炮口制退器,也无抽气装置,但装有镁合金隔热护套,能防止炮管因外界温度变化引起的弯曲。该炮可发射法国弹药,也可以发射北约制式105毫米弹药,最大射速为8发/分。该坦克的辅助武器包括1门装在火炮左侧的F2式20毫米并列机关炮(备弹1050发)和1挺装在车长指挥塔右边的F1C1型7.62毫米高射机枪(备弹2050发)。

第 5 章 法国坦克与装甲车

▲ AMX-30主战坦克侧前方视角

▼ AMX-30主战坦克侧面视角

# AMX-56 主战坦克

| 英语名称： | AMX-56 Main Battle Tank |
|---|---|
| 研制国家： | 法国 |
| 制造厂商： | 地面武器工业集团 |
| 重要型号： | AZUR、EPG、DNG、EAU |
| 生产数量： | 862辆 |
| 生产时间： | 1990～2008年 |
| 主要用户： | 法国陆军、阿拉伯联合酋长国陆军 |

Tanks And Armoured Vehicles

| 基本参数 | |
|---|---|
| 长度 | 9.9米 |
| 宽度 | 3.6米 |
| 高度 | 2.53米 |
| 重量 | 56.5吨 |
| 最大速度 | 72千米/小时 |
| 最大行程 | 550千米 |

　　**AMX-56主战坦克**的驾驶舱在车体左前部，车体右前部储存炮弹，车体中部是战斗舱，动力传动舱在车体后部。箱形可拆卸式结构、以陶瓷为基本材料的复合装甲以及低矮扁平的炮塔外形，使AMX-56主战坦克抵御动能穿甲弹的能力比采用等重量普通装甲的坦克提高1倍。车体正面可防御从左右30度范围内发射来的尾翼稳定脱壳穿甲弹。设计炮塔时，考虑了防顶部攻击问题。车体底装甲可以承受小型可撒布地雷的攻击。

　　AMX-56主战坦克使用法国地面武器工业集团制造的120毫米CN120-26滑膛炮，并且能够与美国M1"艾布拉姆斯"主战坦克和德国"豹"2主战坦克通用弹药。AMX-56主战坦克的火控系统比较先进，使其具备在50千米/小时的行驶速度下命中4000米外目标的能力。该坦克的辅助武器为1挺7.62毫米防空机枪和1挺12.7毫米同轴机枪。

第 5 章 法国坦克与装甲车

▲ AMX-56主战坦克正面视角

▼ AMX-56主战坦克侧面视角

# AMX-VCI 装甲输送车

| 英语名称： | AMX-VCI Armored Personnel Carrier |
|---|---|
| 研制国家： | 法国 |
| 制造厂商： | 罗昂制造厂 |
| 重要型号： | AMX-VCI |
| 生产数量： | 3000辆 |
| 生产时间： | 1957~1963年 |
| 主要用户： | |
| 法国陆军、比利时陆军、意大利陆军 | |

| 基本参数 | |
|---|---|
| 长度 | 5.7米 |
| 宽度 | 2.67米 |
| 高度 | 2.41米 |
| 重量 | 15吨 |
| 最大速度 | 60千米/小时 |
| 最大行程 | 440千米 |

**AMX-VCI装甲输送车**的车体分为3个舱室，驾驶舱和动力舱在前，载员舱居后。车体前部左侧是驾驶员席，右侧是动力舱。炮手和车长座位均在载员舱内，分别位舱内的左边与右边。载员舱可背靠背乘坐步兵10人，并可通过向外开启的两扇后门出入。每侧有两个舱口，舱盖由上下两部分组成，每个舱盖的下部分有2个射孔。

AMX-VCI装甲输送车的主要武器最早是1挺7.5毫米机枪，以后相继被12.7毫米机枪或者装有7.5毫米（或7.62毫米）机枪的CAFL 38炮塔所取代。12.7毫米机枪的俯仰范围为-10度~+68度。在这种情况下，炮手的头部暴露在炮塔座圈的外边。但是当从车内瞄准和射击时，俯仰范围为-10度~+5度。不论是高低俯仰还是水平旋转都系手动操纵。当采用CAFL 38炮塔时，机枪俯仰范围为-15度~+45度，水平旋转360度。

# AMX-10P 步兵战车

| | |
|---|---|
| 英语名称： | AMX-10P Infantry Fighting Vehicle |
| 研制国家： | 法国 |
| 制造厂商： | 罗昂制造厂 |
| 重要型号： | AMX-10P、AMX-10PC |
| 生产数量： | 1680辆 |
| 生产时间： | 1972~1985年 |
| 主要用户： | 法国陆军、印度尼西亚海军陆战队、新加坡陆军、沙特阿拉伯陆军 |

| 基本参数 | |
|---|---|
| 长度 | 5.79米 |
| 宽度 | 2.78米 |
| 高度 | 2.57米 |
| 重量 | 14.5吨 |
| 最大速度 | 65千米/小时 |
| 最大行程 | 600千米 |

  **AMX-10P步兵战车**的车体用铝合金焊接而成，发动机前置，驾驶舱位于车体前部左侧。双人炮塔位于车辆中央偏左，炮手在左，车长靠右。载员舱在车体后部，人员通过车后跳板式大门出入。车门用电操纵，门上有两个舱口，每个舱口上各有一个射孔。另外，载员舱顶部还有两个舱口。

  AMX-10P步兵战车的主要武器是1门20毫米M693机关炮，弹药基数为800发，主要弹种为燃烧榴弹和脱壳穿甲弹。该炮对地面目标的最大有效射程为1500米，使用脱壳穿甲弹时在1000米距离上的穿甲厚度为20毫米。辅助武器为1挺7.62毫米机枪，位于主炮的右上方，弹药基数为2000发。如有需要，还可换装莱茵金属公司的20毫米Mk 20 Rh202机关炮，车顶两侧还可安装2个"米兰"反坦克导弹发射架。

▲ AMX-10P步兵战车进行登陆作战

▼ AMX-10P步兵战车侧面视角

# AMX-10RC 装甲侦察车

| 英语名称： |
|---|
| AMX-10RC Light Reconnaissance Vehicle |
| 研制国家：法国 |
| 制造厂商：伊西莱姆利罗公司 |
| 重要型号：AMX-10RC |
| 生产数量：457辆 |
| 生产时间：1976~1980年 |
| 主要用户：法国陆军、摩洛哥陆军 |

Tanks And Armoured Vehicles

| 基本参数 | |
|---|---|
| 长度 | 6.24米 |
| 宽度 | 2.78米 |
| 高度 | 2.56米 |
| 重量 | 15吨 |
| 最大速度 | 85千米/小时 |
| 最大行程 | 1000千米 |

　　**AMX-10RC装甲侦察车**是一种轻型轮式装甲侦察车，它与AMX-10P步兵战车除了使用共通的动力套件外，其他设计及在战场上的角色定位都大不相同。AMX-10RC装甲侦察车是两栖装甲车，并拥有相当优秀的机动性能，通常被用于危险环境中执行侦察任务，或是提供直接火力支援。

　　AMX-10RC装甲侦察车的特色是1门装载于铝制焊接炮塔上且火力强大的105毫米线膛炮，以及1具用以协助火炮瞄准的火控系统。炮塔内部可容纳3名乘员，而驾驶席则位于底盘前方。105毫米线膛炮可发射4种炮弹，即尾翼稳定脱壳穿甲弹、高爆弹、反坦克高爆弹以及烟雾弹。其中，尾翼稳定脱壳穿甲弹可在2000米的距离外穿透北约装甲标靶中的第三层重甲。所有的AMX-10RC装甲侦察车都安装了核生化防护系统，这使它能在被放射线污染的环境中执行侦察任务。

▲ AMX-10RC装甲侦察车及其发射的弹药

▼ AMX-10RC装甲侦察车编队行驶

# VBCI 步兵战车

| 法语名称： |
|---|
| Véhicule Blindé de Combat d'Infanterie |
| 研制国家：法国 |
| 制造厂商：地面武器工业集团 |
| 重要型号：VBCI、VBCI 2 |
| 生产数量：630辆 |
| 生产时间：2008～2015年 |
| 主要用户：法国陆军 |

| 基本参数 | |
|---|---|
| 长度 | 7.6米 |
| 宽度 | 2.98米 |
| 高度 | 3米 |
| 重量 | 25.6吨 |
| 最大速度 | 100千米/小时 |
| 最大行程 | 750千米 |

  **VBCI步兵战车**的车体采用高强度铝合金制成，带有防弹片层，并装有钢附加装甲，提供了良好的防护能力。该车装有光学激光防护系统，车底装有防地雷模块，并且还装有GALIX自动防护系统。如果某个车轮被地雷摧毁，车辆能使用剩余的7个车轮驱动。VBCI步兵战车的雷达信号和热信号特征也得到改善，车上还可装备红外诱饵系统。VBCI步兵战车可搭载8名步兵，而车组成员由驾驶员、炮长和车长组成。

  VBCI步兵战车的主要武器为1门25毫米机关炮，辅助武器为1挺7.62毫米同轴机枪。炮长拥有1具观察与射击用瞄准镜，能够昼夜在各种气候条件下进行观察和瞄准。瞄准镜将双直瞄视场与昼用摄像仪、夜用热像仪和激光测距仪结合在一起。VBCI步兵战车底盘的设计使其可安装多种其他武器系统，包括120毫米低后坐力滑膛炮。

▲ VBCI步兵战车侧面视角

▼ VBCI步兵战车侧前方视角

# VBL 装甲车

| 法语名称： | Véhicule Blindé Léger |
|---|---|
| 研制国家： | 法国 |
| 制造厂商： | 地面武器工业集团 |
| 重要型号： | VBL MILAN、VBL ERYX |
| 生产数量： | 3000辆以上 |
| 生产时间： | 1990年至今 |
| 主要用户： | 法国陆军、希腊陆军、墨西哥陆军、葡萄牙陆军、科威特陆军 |

| 基本参数 | |
|---|---|
| 长度 | 3.8米 |
| 宽度 | 2.02米 |
| 高度 | 1.7米 |
| 重量 | 3.5吨 |
| 最大速度 | 95千米/小时 |
| 最大行程 | 600千米 |

  **VBL装甲车**是法国于20世纪80年代研制的轻型轮式装甲车，具有一定的装甲防护能力，在战场上担任的角色类似于美军"悍马"装甲车。该车的变型车较多，除装甲侦察车、装甲输送车外，还有指挥车、国内安全车、防空车、通信车、雷达车、弹药输送车、反坦克车等型号。

  VBL装甲车体型较小，重量较轻，车上装有三防装置，车体装甲能抵挡7.62毫米子弹和炮弹破片的袭击。该车虽然设有装甲，但是重量不到4吨，具有很强的战略机动性。此外，VBL装甲车的体积也很小，便于使用C-130、C-160或A400M等运输机空运。VBL装甲车有很好的武器适应性，可根据部队需要装备多种不同类型的武器系统。VBL装甲车的车顶上装有可360度回旋的枪架和枪盾，能安装多种轻机枪或重机枪（如FN Minimi轻机枪、M2重机枪等）。

# VAB 装甲车

| 法语名称： | Véhicule de l'Avant Blindé |
|---|---|
| 研制国家： | 法国 |
| 制造厂商： | |
| 雷诺汽车公司、克勒索·鲁瓦尔公司 | |
| 重要型号： | VAB VTT、VAB PC |
| 生产数量： | 5000辆以上 |
| 生产时间： | 1976～1983年 |
| 主要用户： | 法国陆军、印度尼西亚陆军、摩洛哥陆军、意大利陆军 |

| 基本参数 ||
|---|---|
| 长度 | 5.98米 |
| 宽度 | 2.49米 |
| 高度 | 2.06米 |
| 重量 | 13.8吨 |
| 最大速度 | 110千米/小时 |
| 最大行程 | 1200千米 |

　　VAB装甲车有4×4和6×6两种构型，衍生型也较多。该车由雷诺汽车公司生产发动机、传动和悬挂装置，克勒索·鲁瓦尔公司生产车体并进行总装。车体分成3个主要部分。前部有2扇侧门及2个顶舱盖。驾驶员在左侧，车长（兼机枪手）在右侧，可根据不同车型使用不同武器。中间部分的左侧安装有发动机、1个300升主油箱和灭火系统。后部载有10名步兵，车体两侧各开3个窗口，打开时可供步兵射击。

　　VAB装甲车在水上有足够的浮渡能力。水上行驶时，竖起车前防浪板，并靠在车后两侧的喷水推进器推进，动力是通过短轴和斜齿轮由后桥引出。喷水推进器都安装枢轴罩（导流板），可改变水流方向，能使车辆在水中转向。VAB装甲车还装有导航仪和加热、通风等设备，挡风玻璃窗还装有防止结冰的加温电阻丝等。

# VBC-90 装甲车

| 英语名称： | VBC-90 Armored car |
|---|---|
| 研制国家： | 法国 |
| 制造厂商： | 雷诺汽车公司 |
| 重要型号： | VBC-90 |
| 生产数量： | 34辆 |
| 生产时间： | 1981年 |
| 主要用户： | 法国陆军、阿曼陆军 |

| 基本参数 | |
|---|---|
| 长度 | 5.63米 |
| 宽度 | 2.5米 |
| 高度 | 2.55米 |
| 重量 | 13.5吨 |
| 最大速度 | 92千米/小时 |
| 最大行程 | 1000千米 |

**VBC-90装甲车**为全焊接钢车体，驾驶舱在前部，战斗舱居中，动力舱在后部。驾驶员位于车前部左侧，顶部舱盖向右开启，其前面和左右两侧各有1个防弹窗。炮塔为全焊接的法国地面武器工业集团的TS90炮塔。车长居左，炮长在右，座位可调节，各自舱盖向后开。塔顶前部安装有抽气风扇。车长有7个潜望镜（3个M556型，4个M554型），炮长有5个潜望镜（3个M556型，2个M554型）和1个M563望远瞄准镜。

VBC-90装甲车采用90毫米长管炮，带35度楔形炮闩、液气后坐系统、热护套及炮口制退器。该炮可发射法国地面武器工业集团的霰弹、榴弹、破甲弹、烟幕弹和尾翼稳定脱壳穿甲弹。主炮左侧有1挺7.62毫米同轴机枪，炮塔两侧各有向后电动发射的烟幕弹发射器。炮塔左侧并列安装1具PH9A探照灯，炮塔前部还有1具探照灯由车长控制。

# ERC 装甲车

| 英语名称: | ERC Armored Car |
|---|---|
| 研制国家: | 法国 |
| 制造厂商: | 潘哈德公司 |
| 重要型号: | ERC 20、ERC 60-20、ERC 90 |
| 生产数量: | 411辆 |
| 生产时间: | 1984年 |
| 主要用户: | 法国陆军、阿根廷海军陆战队、墨西哥陆军、尼日利亚陆军 |

| 基本参数 | |
|---|---|
| 长度 | 7.7米 |
| 宽度 | 2.5米 |
| 高度 | 2.25米 |
| 重量 | 8.3吨 |
| 最大速度 | 90千米/小时 |
| 最大行程 | 730千米 |

**ERC装甲车**为全焊接钢制车体，车底呈V形，增加了车辆的防地雷和越障能力。驾驶舱在车的前部，炮塔居中，动力舱在后部。驾驶员位于车前部稍偏左，其舱盖的一部分带有前视潜望镜，可叠放在前上甲板上，另一部分向上折起。夜间行驶时，前视潜望镜可换为红外或微光潜望镜。

ERC系列装甲车通常安装法国地面武器工业集团的TS90炮塔，装备1门90毫米滑膛炮，左侧有1挺7.62毫米同轴机枪。炮塔设有通气孔和内部照明设备。此外，炮塔后部两侧各有1具烟幕弹发射器。ERC系列装甲车的选装设备有水中车轮推进器具、水中喷水驱动器推进器具、三防装置、空调系统/加温器、增载10发90毫米炮弹、1000发7.62毫米机枪弹和地面导航系统等。

# AML 装甲侦察车

| 英语名称: | AML Armored Scout Car |
|---|---|
| 研制国家: | 法国 |
| 制造厂商: | 潘哈德公司 |
| 重要型号: | AML-60、AML-90、AML S530 |
| 生产数量: | 4000辆 |
| 生产时间: | 1961~1987年 |
| 主要用户: | 法国陆军、阿根廷陆军、伊拉克陆军、摩洛哥陆军、也门陆军 |

| 基本参数 | |
|---|---|
| 长度 | 5.11米 |
| 宽度 | 1.97米 |
| 高度 | 2.07米 |
| 重量 | 5.5吨 |
| 最大速度 | 100千米/小时 |
| 最大行程 | 600千米 |

**AML装甲侦察车**为全焊接钢车体,驾驶舱在前,战斗舱居中,动力舱在后。驾驶员居前部,有1个右开单扇舱盖,3个整体式潜望镜,夜间行驶时,中间1个可换为红外或微光潜望镜。炮塔为全焊接炮塔,车长在炮塔内左侧,炮长在右,各有1个向后开的单扇舱门和4个L794B潜望镜,炮长还有1个M262瞄准镜。车长舱盖上有1个探照灯。该车的选装设备包括空调装置、浮渡装置、三防装置、夜战观瞄系统等。

AML装甲侦察车最初安装H90炮塔,配备1门90毫米D921F1火炮,辅助武器为1挺7.62毫米并列机枪和1挺12.7毫米高射机枪。此外,每侧还有2具烟幕弹发射器。后期还有安装HE60-7炮塔、HE60-12炮塔、HE60-20炮塔、S530炮塔和TG120炮塔等炮塔的型号,主要武器为60毫米HB60迫击炮、M621机关炮和20毫米机关炮等。

# M3 装甲输送车

| 英语名称: | M3 Armored Personnel Carrier |
|---|---|
| 研制国家: | 法国 |
| 制造厂商: | 潘哈德公司 |
| 重要型号: | M3 VTT、M3 VDA、M3 VAT |
| 生产数量: | 1200辆 |
| 生产时间: | 1971～1986年 |
| 主要用户: | 巴林陆军、摩洛哥陆军、沙特阿拉伯陆军、阿拉伯联合酋长国陆军 |

| 基本参数 | |
|---|---|
| 长度 | 4.45米 |
| 宽度 | 2.4米 |
| 高度 | 2.48米 |
| 重量 | 6.1吨 |
| 最大速度 | 90千米/小时 |
| 最大行程 | 600千米 |

　　**M3装甲输送车**的车体为全钢焊接结构，驾驶员位于车体前部中央，使用向右开启的单扇门和3个整体式潜望镜。车体两侧斜甲板上各开有3个向上打开的小窗口，还有1扇向前开的门。车尾有两扇门，门上有1个射孔。车顶有2个舱盖，前面的舱盖上装有STB型环形掩蔽塔，其上装备1挺7.62毫米机枪。发动机和传动装置直接装在驾驶员背后。传动装置包括两个变速箱，一个为越野时使用的低挡变速箱，另一个为高挡变速箱。

　　M3装甲输送车的车体前方可安装清除障碍和填平弹坑用的液压推土铲，宽2.2米，最大提升高度为0.4米。工兵用工具和设备放在车后，其中有1套越壕跳板和2个夜间工作的可卸式探照灯。该车为两栖车辆，水上行驶时用轮胎划水。

# VXB-170 装甲输送车

| 英语名称: | VXB-170 Armored Personnel Carrier |
|---|---|
| 研制国家: | 法国 |
| 制造厂商: | 贝利埃公司 |
| 重要型号: | VXB-170 |
| 生产数量: | 200辆 |
| 生产时间: | 1973~1975年 |
| 主要用户: | 法国陆军、加蓬陆军、塞内加尔陆军、突尼斯陆军 |

| 基本参数 ||
|---|---|
| 长度 | 5.99米 |
| 宽度 | 2.5米 |
| 高度 | 2.05米 |
| 重量 | 12.7吨 |
| 最大速度 | 85千米/小时 |
| 最大行程 | 750千米 |

  **VXB-170装甲输送车**的车体为全焊接钢板，驾驶员位于车体前部左侧，车长在其右侧，他们的前面和两侧均开有防弹玻璃窗，并有装甲板防护。驾驶员位置顶部装有3个潜望镜，供闭窗驾驶时使用。车长位置有单扇舱盖，他可使用1个旋转轴安装的潜望镜进行全周观察。载员舱顶部装有4个舱盖，车体两侧和后部共有3个门，供载员出入。

  VXB-170装甲输送车在车体上开有7个射孔，2个在左侧，4个在右侧，1个在后门，步兵可在车内射击。发动机位于车后左侧，传动装置采用液气操纵的预选式变速箱，有6个前进挡和1个倒挡。动力经变速箱、主动轴传到2速的分动箱，再经分动箱传到前、后桥。该车为4轮驱动，前后各轮均装有行星减速器，后轴还装有气动控制的中间差速闭锁装置。悬挂装置为独立式螺旋弹簧和液压减振器，采用液压助力转向。

▲VXB-170装甲输送车侧前方视角

▼博物馆中的VXB-170装甲输送车

# "凯撒"自行榴弹炮

| 英语名称： | CAESAR Self-propelled Howitzer |
|---|---|
| 研制国家： | 法国 |
| 制造厂商： | 法国地面武器工业集团 |
| 重要型号： | CAESAR |
| 生产数量： | 200辆以上 |
| 生产时间： | 2006年至今 |
| 主要用户： | 法国陆军、泰国陆军、印度尼西亚陆军、沙特阿拉伯陆军 |

| 基本参数 | |
|---|---|
| 长度 | 10米 |
| 宽度 | 2.55米 |
| 高度 | 3.7米 |
| 重量 | 17.7吨 |
| 最大速度 | 100千米/小时 |
| 最大行程 | 600千米 |

"凯撒"自行榴弹炮是法国于21世纪初研制的轮式自行火炮，其突出标志是没有炮塔，具有结构简单、系统重量轻、机动性能出色的优点。"凯撒"自行榴弹炮在射击时要在车体后部放下大型驻锄，使火炮成为稳固的发射平台，这是它与有炮塔自行火炮的又一大区别。

"凯撒"自行榴弹炮搭载的155毫米榴弹炮结构坚固、发射速度快、射程远、精度高。持续射击速度为6发/分，最大射程可达42千米。"凯撒"自行榴弹炮的最大优点就是机动性强，它的尺寸和重量都较小，非常适合通过公路、铁路、舰船和飞机进行远程快速部署。它可选用多种6×6卡车底盘，用户可自由灵活选择，而最常用的是乌尼莫克U2450L底盘。"凯撒"自行榴弹炮可协同快速机动部队作战，它能够快速地进入作战地区，能够在3分钟内停车、开火和转移阵地。

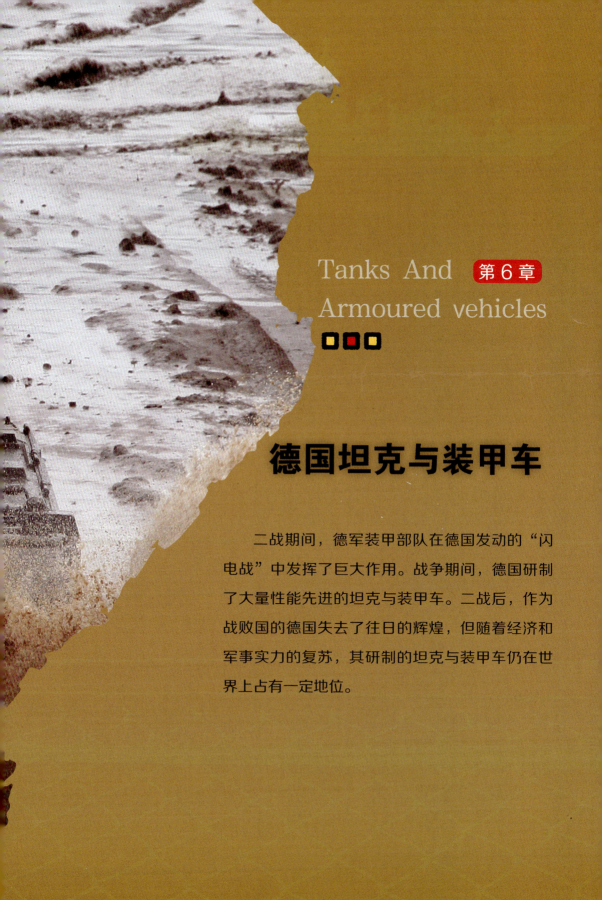

Tanks And
Armoured vehicles

第 6 章

# 德国坦克与装甲车

二战期间,德军装甲部队在德国发动的"闪电战"中发挥了巨大作用。战争期间,德国研制了大量性能先进的坦克与装甲车。二战后,作为战败国的德国失去了往日的辉煌,但随着经济和军事实力的复苏,其研制的坦克与装甲车仍在世界上占有一定地位。

# 一号轻型坦克

| 英语名称： | Panzer Ⅰ Light Tank |
|---|---|
| 研制国家： | 德国 |
| 制造厂商： | 亨舍尔公司 |
| 重要型号： | Ausf A/B/C |
| 生产数量： | 1493辆 |
| 生产时间： | 1934～1937年 |
| 主要用户： | 德国陆军、西班牙陆军 |

Tanks And Armoured Vehicles

| 基本参数 | |
|---|---|
| 长度 | 4.02米 |
| 宽度 | 2.06米 |
| 高度 | 1.72米 |
| 重量 | 5.4吨 |
| 最大速度 | 37千米/小时 |
| 最大行程 | 140千米 |

一号坦克A型为轻型双人座坦克,车身装甲极为薄弱,且有许多明显的开口、缝隙以及缝合处,发动机的功率也很小。两名乘员共用同一间战斗舱,驾驶从车旁的舱门进入,而车长则由炮塔上方进入。在舱盖完全闭合的情况下,车内成员的视野极差,因此车长大多数时候都要冒出炮塔以求更佳的视野。B型换装了迈巴赫NL38 TR发动机,车体加长,每侧有5个负重轮和4个托带轮。C型与A、B型在外形上完全不同,它的短粗车体上装有平衡式交错重叠负重轮,并使用现代化的扭杆式悬挂。

一号坦克A型和B型的炮塔需要手动转动,由车长负责操控炮塔上的2挺7.92毫米机枪,共携带1525发弹药。C型搭载改进的早期二号坦克炮塔,装有1门EW141机关炮和1挺7.92毫米MG34机枪,其中EW141为20毫米口径的反坦克速射炮。

第 6 章 德国坦克与装甲车

# 二号轻型坦克

| 英语名称： | Panzer II Light Tank |
|---|---|
| 研制国家： | 德国 |
| 制造厂商： | 曼公司 |
| 重要型号： | Ausf A/B/C/F |
| 生产数量： | 1856辆 |
| 生产时间： | 1935～1943年 |
| 主要用户： | 德国陆军 |

| 基本参数 | |
|---|---|
| 长度 | 4.8米 |
| 宽度 | 2.2米 |
| 高度 | 2米 |
| 重量 | 7.2吨 |
| 最大速度 | 40千米/小时 |
| 最大行程 | 200千米 |

　　**二号坦克**有三名乘员，驾驶员在车体，车长和装填手在炮塔，他们和驾驶员之间用通信管沟通，而车内还装有FUG5型无线电。二号坦克A型的致命缺陷在于装甲薄弱和迈巴赫HL57汽油发动机的功率太小，B型加装了最终减速齿轮，使得车体前部变成平直型，改用迈巴赫HL62汽油发动机并简化了发动机室上部结构，新型履带也提升了行使可靠性。C型改用独立式板弹簧悬挂装置，每侧5个负重轮和4个托带轮。F型增设了车长指挥塔，从而更好地保证了观察的安全性。

　　二号坦克的主要武器为1门20毫米机炮，辅助武器为1挺7.92毫米MG34机枪，全车带有180发20毫米机炮弹药和1425发7.92毫米机枪弹药。二号坦克的衍生型"黄蜂"自行火炮装备1门105毫米榴弹炮，颇受德军装甲兵喜爱。

# 三号中型坦克

| | |
|---|---|
| 英语名称: | Panzer III Medium Tank |
| 研制国家: | 德国 |
| 制造厂商: | 戴姆勒·奔驰公司 |
| 重要型号: | Ausf A/B/C/D/E/F/G/H/J/L/M |
| 生产数量: | 5774辆 |
| 生产时间: | 1939～1943年 |
| 主要用户: | 德国陆军 |

| 基本参数 | |
|---|---|
| 长度 | 5.56米 |
| 宽度 | 2.9米 |
| 高度 | 2.5米 |
| 重量 | 23吨 |
| 最大速度 | 40千米/小时 |
| 最大行程 | 165千米 |

　　三号坦克A型～C型的车体四周均装有滚轧均质钢制成的15毫米轻型装甲，而顶部和底部分别装上10毫米及5毫米的同类装甲。后来生产的三号坦克D型、E型、F型及G型换装新的30毫米装甲，但在法国战场上仍然无法防御英军2磅炮的射击。之后的H型、J型、L型及M型遂在坦克正后方的表面覆上另一层30～50毫米的装甲，导致三号坦克无法有效率地作战。

　　早期生产的三号坦克（A型～E型，以及少量F型）安装由PAK36反坦克炮所修改而成的37毫米坦克炮，后来生产的三号坦克F型～M型都改装50毫米KwK38 L/42及KwK39 L/60型火炮，备弹99发。1942年生产的N型换装75毫米KwK37 L/24低速炮，备弹64发。辅助武器方面，三号坦克各个型号都装有2～3挺7.92毫米MG34机枪。

# 四号中型坦克

| 英语名称： | Panzer IV Medium Tank |
|---|---|
| 研制国家： | 德国 |
| 制造厂商： | 克虏伯公司 |
| 重要型号： | Ausf A/B/C/D/E/F/G/H/J |
| 生产数量： | 8553辆 |
| 生产时间： | 1936~1945年 |
| 主要用户： | 德国陆军、罗马尼亚陆军、匈牙利陆军、意大利陆军 |

| 基本参数 | |
|---|---|
| 长度 | 5.92米 |
| 宽度 | 2.88米 |
| 高度 | 2.68米 |
| 重量 | 25吨 |
| 最大速度 | 42千米/小时 |
| 最大行程 | 200千米 |

　　**四号坦克**有多种型号，其装甲厚度各不相同，A型的侧面装甲厚度15毫米，顶部和底部分别为10毫米和5毫米。反坦克型的四号坦克装甲厚度得到大幅增强，其中B型装甲厚度为30毫米，E型50毫米，H型达80毫米。而且许多四号坦克还添加了附加装甲层，且常在车身涂上一层防磁覆盖物。早期型号的四号坦克采用170千瓦的迈巴赫HL108 TR发动机，后期型号改为235千瓦的迈巴赫HL 120 TRM发动机。

　　四号坦克采用1门75毫米火炮，最初型号为KwK37 L/24，主要配备高爆弹用于攻击敌方步兵。后来为了对付苏联T-34坦克，便为F2型和G型安装了75毫米KwK40 L/42反坦克炮，更晚的型号则使用了威力更强的75毫米KwK40 L/48反坦克炮。四号坦克的辅助武器为2挺7.92毫米MG 34机枪，主要用于对付敌方步兵。

# "豹"式中型坦克

| 英语名称: | Panther Medium Tank |
| --- | --- |
| 研制国家: | 德国 |
| 制造厂商: | 曼公司 |
| 重要型号: | Ausf A/D/G |
| 生产数量: | 6000辆 |
| 生产时间: | 1943～1945年 |
| 主要用户: | 德国陆军 |

| 基本参数 | |
| --- | --- |
| 长度 | 8.66米 |
| 宽度 | 3.42米 |
| 高度 | 3.00米 |
| 重量 | 44.8吨 |
| 最大速度 | 55千米/小时 |
| 最大行程 | 250千米 |

"豹"式坦克的倾斜装甲采用同质钢板,经过焊接及锁扣后非常坚固。整个装甲只留有两个开孔,分别提供给机枪手和驾驶员使用。最初生产的"豹"式坦克只有60毫米的倾斜装甲,但不久就加厚至80毫米,而D型以后的型号更把炮塔装甲加厚至120毫米,以保护炮塔的前端。车体两侧装有5毫米厚的裙边,以抵挡磁性地雷的攻击。

"豹"式坦克的主要武器为莱茵金属生产的75毫米半自动KwK42 L/70火炮,通常备弹79发(G型为82发),可发射被帽穿甲弹、高爆弹和高速穿甲弹等。该炮的炮管较长,推动力强大,可提供高速发炮能力。此外,"豹"式坦克的瞄准器敏感度较低,击中敌人更容易。因此,尽管"豹"式坦克的火炮口径不大,却是二战中最具威力的坦克炮之一。"豹"式坦克还装有2挺MG34机枪,分别安装于炮塔上及车身斜面上。

# "虎"式重型坦克

| | |
|---|---|
| 英语名称： | Tiger Heavy Tank |
| 研制国家： | 德国 |
| 制造厂商： | 亨舍尔公司 |
| 重要型号： | Ausf E/H1 |
| 生产数量： | 1347辆 |
| 生产时间： | 1942～1944年 |
| 主要用户： | 德国陆军 |

Tanks And Armoured Vehicles

| 基本参数 | |
|---|---|
| 长度 | 6.32米 |
| 宽度 | 3.56米 |
| 高度 | 3米 |
| 重量 | 54吨 |
| 最大速度 | 45千米/小时 |
| 最大行程 | 195千米 |

"虎"式坦克又称为六号坦克或"虎"Ⅰ坦克，其外形设计极为精简，履带上方装有长盒型的侧裙。该坦克车体前方装甲厚度为100毫米，炮塔正前方装甲则厚达120毫米。两侧和车尾也有80毫米厚的装甲。二战时期，这种装甲厚度能够抵挡大多数交战距离的反坦克炮弹。"虎"式坦克的车顶装甲较为薄弱，仅有25毫米。为了增强防护力和攻击力，"虎"式坦克适度牺牲了机动性能，但在同时期的重型坦克中仍处于前列。

"虎"式坦克的主要武器是1门88毫米KwK36 L/56火炮，精准度较高，是二战时期杀伤效率较高的坦克炮之一。该炮可装载多种弹药，包括PzGr.39弹道穿甲爆破弹、PzGr.40亚口径钨芯穿甲弹和HL. Gr.39型高爆弹。"虎"式坦克所发射的炮弹能在1000米距离上轻易贯穿130毫米装甲。辅助武器方面，"虎"式坦克装有2挺7.92毫米MG34机枪。

▲ "虎"式坦克正面视角

▼ "虎"式坦克侧前方视角

## "虎王"重型坦克

| | |
|---|---|
| 英语名称： | King Tiger Heavy Tank |
| 研制国家： | 德国 |
| 制造厂商： | 亨舍尔公司 |
| 重要型号： | Ausf B |
| 生产数量： | 492辆 |
| 生产时间： | 1943～1945年 |
| 主要用户： | 德国陆军 |

Tanks And Armoured Vehicles
★★☆

| 基本参数 | |
|---|---|
| 长度 | 7.38米 |
| 宽度 | 3.76米 |
| 高度 | 3.09米 |
| 重量 | 69.8吨 |
| 最大速度 | 42千米/小时 |
| 最大行程 | 170千米 |

"虎王"坦克的车身前装甲厚度为100～150毫米，侧装甲和后装甲厚度为80毫米，底部和顶部装甲厚度为28毫米。炮塔的前装甲厚度为180毫米，侧装甲和后装甲厚度为80毫米，顶部装甲厚度为42毫米。即使在近距离上，同时期内也很少有火炮能摧毁它的正面装甲。不过，"虎王"坦克的侧面装甲还是能被盟军坦克摧毁。由于重量极大，且耗油量大，"虎王"坦克的机动性能较差。

"虎王"坦克安装了1门88毫米KwK43 L/71型坦克炮，身管长达6.3米，可发射穿甲弹、破甲弹和榴弹，具备在2000米的距离上击穿美国M4"谢尔曼"中型坦克主装甲的能力。辅助武器方面，"虎王"坦克安装了3挺MG34/MG42型7.92毫米机枪，备弹5850发，用于本车防御和对空射击。

## "鼠"式重型坦克

| | |
|---|---|
| 英语名称: | Maus Heavy Tank |
| 研制国家: | 德国 |
| 制造厂商: | 克虏伯公司 |
| 重要型号: | V1、V2 |
| 生产数量: | 2辆 |
| 生产时间: | 1944年 |
| 主要用户: | 德国陆军 |

| 基本参数 | |
|---|---|
| 长度 | 10.2米 |
| 宽度 | 3.71米 |
| 高度 | 3.63米 |
| 重量 | 188吨 |
| 最大速度 | 20千米/小时 |
| 最大行程 | 160千米 |

"鼠"式坦克的装甲相当厚实。车体前方35度倾斜装甲厚达220毫米,加上倾斜角度后相当于380毫米厚。车体正下方和炮塔顶部的装甲也有120毫米厚,车体两侧装甲厚185毫米,车体后部装甲厚160毫米。"鼠"式坦克的动力装置为1台戴勒姆-奔驰MB 517汽油发动机,功率高达895千瓦,但由于"鼠"式坦克的超高重量,行驶速度仍然偏低。

"鼠"式坦克的主要武器为1门128毫米KwK44 L/L55火炮,1门75毫米KwK44 L/36.5同轴副炮。根据德军预测,128毫米火炮可以在3500米的距离击穿盟军"谢尔曼"坦克、"克伦威尔"坦克、"丘吉尔"坦克、T-34/85坦克和IS-2坦克的所有装甲,能在2000米的距离击穿M26"潘兴"坦克的所有装甲。"鼠"式坦克的辅助武器是1挺7.92毫米MG34机枪,另外在炮塔两侧和后部还各有一个射击孔。

# "豹"1主战坦克

| | |
|---|---|
| 英语名称： | Leopard 1 Main Battle Tank |
| 研制国家： | 德国 |
| 制造厂商： | 克劳斯·玛菲公司 |
| 重要型号： | Leopard 1A1/A2/A3/A4/A5/A6 |
| 生产数量： | 6485辆 |
| 生产时间： | 1965～1979年 |
| 主要用户： | 德国陆军、意大利陆军、巴西陆军、加拿大陆军、荷兰陆军、挪威陆军 |

| 基本参数 | |
|---|---|
| 长度 | 8.29米 |
| 宽度 | 3.37米 |
| 高度 | 2.7米 |
| 重量 | 42.2吨 |
| 最大速度 | 65千米/小时 |
| 最大行程 | 600千米 |

　　**"豹"1主战坦克**的车轮为7对，以扭力杆式悬挂系统承载，其中除了第四对和第五对车轮之外其余都有油压减震器，数目较多的车轮可以减少车高和接地压力。虽然"豹"1主战坦克比法国AMX-30主战坦克更重，但由于使用功率更大的柴油发动机，故两者机动性能相差无几。"豹"1主战坦克可以涉水深2.25米，若加上通气管更可涉水深达4米。

　　"豹"1主战坦克的主炮为英国105毫米L7线膛炮，炮塔两侧各有一个突出的光学测距仪，炮塔后方有个杂物篮，车顶有1挺由装填手操作的MG3防空机枪，而其同轴机枪也是MG3机枪。"豹"1主战坦克的射击控制由炮手全权负责，车长则专心搜索目标。车长除了有360度观测窗之外还有和炮手一样的操作设备，必要时也可以操作主炮进行瞄准开火。

▲"豹"1主战坦克开火瞬间

▼"豹"1主战坦克侧面视角

# "豹"2 主战坦克

| 英语名称: | Leopard 2 Main Battle Tank |
|---|---|
| 研制国家: | 德国 |
| 制造厂商: | 克劳斯·玛菲公司 |
| 重要型号: | Leopard 2A1/A2/A3/A4/A5/A6/A7 |
| 生产数量: | 3500辆以上 |
| 生产时间: | 1979年至今 |
| 主要用户: | 德国陆军、土耳其陆军、奥地利陆军、新加坡陆军、瑞典陆军、荷兰陆军 |

Tanks And Armoured Vehicles

| 基本参数 | |
|---|---|
| 长度 | 7.69米 |
| 宽度 | 3.7米 |
| 高度 | 2.79米 |
| 重量 | 62吨 |
| 最大速度 | 70千米/小时 |
| 最大行程 | 470千米 |

　　"豹"2主战坦克的车体和炮塔由间隙复合装甲制成，驾驶舱在车体前部，战斗舱在中部，动力舱在后部。车体前端为尖角形，并对侧裙板进行了增强。该坦克装有集体式三防通风装置，其空气过滤器可从外部更换，并配有乘员舱灭火抑爆装置。"豹"2主战坦克采用MB 873 Ka-501柴油发动机，输出功率为1103千瓦。该坦克在没有准备的情况下可通过1米深的水域，稍做准备后涉水深度可达2.35米。

　　"豹"2主战坦克使用莱茵金属公司的120毫米滑膛炮，炮管进行了镀铬硬化处理，具有较强的抗疲劳性和抗磨损性，发射标准动能弹的寿命为650发。辅助武器为1挺7.62毫米同轴机枪和1挺7.62毫米高射机枪，2挺机枪一共备弹4754发。炮塔侧后部还装有八联装烟幕发射器，两侧各1组。

▲ "豹"2主战坦克后方视角

▼ "豹"2主战坦克编队训练

## "黄鼠狼"步兵战车

| 英语名称： | Marder Infantry Fighting Vehicle |
|---|---|
| 研制国家： | 德国 |
| 制造厂商： | 莱茵金属集团 |
| 重要型号： | Marder 1A1/A2/A3/A4/A5、Marder 2 |
| 生产数量： | 3100辆 |
| 生产时间： | 1971~2011年 |
| 主要用户： | 德国陆军、智利陆军、印度尼西亚陆军 |

| 基本参数 | |
|---|---|
| 长度 | 6.79米 |
| 宽度 | 3.24米 |
| 高度 | 2.98米 |
| 重量 | 33.5吨 |
| 最大速度 | 75千米/小时 |
| 最大行程 | 520千米 |

**"黄鼠狼"步兵战车**的车身由焊接钢板组成，能抵挡步枪子弹和炮弹碎片，车前的装甲能抵挡20毫米机炮弹的攻击，车身前方左侧为驾驶舱，驾驶员配备3具潜望镜。驾驶舱右侧为动力室，装有一部MB833水冷柴油发动机，搭配一个前进4挡、后退2挡的变速箱，其动力系统所需要的冷却器在车身尾门左右两侧，其承载系统为扭力杆式，其中除了第三对和第五对车轮外皆配有油压减震器。

"黄鼠狼"步兵战车的车身中央为一个双人炮塔，右侧为车长而左侧为炮手，其武器为1门20毫米Rh202机炮和1挺MG3同轴机枪，必要时可加上"米兰"反坦克导弹发射器和5枚"米兰"反坦克导弹。由于采用了遥控射击方式，炮长和车长可以不坐在炮塔里，这样炮塔便可以做得很小，降低了中弹的概率，这是"黄鼠狼"步兵战车的一大优点。

## "美洲狮"步兵战车

| 英语名称 | Puma Infantry Fighting Vehicle |
| --- | --- |
| 研制国家 | 德国 |
| 制造厂商 | 莱茵金属集团 |
| 重要型号 | Puma IFV |
| 生产数量 | 350辆以上 |
| 生产时间 | 2009年至今 |
| 主要用户 | 德国陆军 |

| 基本参数 | |
| --- | --- |
| 长度 | 7.4米 |
| 宽度 | 3.7米 |
| 高度 | 3米 |
| 重量 | 31.5吨 |
| 最大速度 | 70千米/小时 |
| 最大行程 | 600千米 |

　　**"美洲狮"步兵战车**采用传统布局，驾驶员位于车辆的左前方，动力组件安装在右前方，车长和炮长并排坐在车辆的中部（车长在右，炮长在左）。该车配有三防系统、空调、火灾探测与灭火抑爆系统，以及战场敌友识别系统、指挥、控制与通信系统。车辆每侧各有5个钢制的负重轮，安装在独立悬挂装置上。设计中不仅考虑了高度机动性，还注意了减少噪声和振动的问题。

　　"美洲狮"步兵战车的主要武器是1门30毫米Mk 30-2/ABM机关炮，具有极高的安全性，即使在高速越野的情况下仍然具有很高的射击精度。该炮采用双路供弹，可发射的弹药主要有尾翼稳定脱壳穿甲弹和空爆弹，通常备弹200发。空爆弹的打击范围很广，包括步兵战车及其伴随步兵、反坦克导弹隐蔽发射点、直升机和主战坦克上的光学系统等。

# SdKfz 250 半履带装甲车

| | |
|---|---|
| 英语名称： | SdKfz 250 Armored Halftrack |
| 研制国家： | 德国 |
| 制造厂商： | 德马格公司 |
| 重要型号： | SdKfz 250/1/2/3/4/5/6/7/8/9/10 |
| 生产数量： | 6628辆 |
| 生产时间： | 1941~1945年 |
| 主要用户： | 德国陆军 |

| 基本参数 | |
|---|---|
| 长度 | 4.56米 |
| 宽度 | 1.95米 |
| 高度 | 1.66米 |
| 重量 | 5.8吨 |
| 最大速度 | 76千米/小时 |
| 最大行程 | 320千米 |

**SdKfz 250半履带装甲车**是德国在二战时期设计生产的半履带装甲车，1939年被德军采用，作为制式的半履带装甲车。SdKfz 250半履带装甲车是利用德马格公司车重仅1吨的D7半履带式输送车底盘研制的，行动部分的前部是轮式，后部为履带式。履带部分占车辆全长的3/4，车体每侧有4个负重轮，比D7半履带式输送车少1个，从而缩短了底盘的长度。主动轮在前，诱导轮在后，负重轮交错排列。履带是金属的，每条履带由38块带橡胶垫的履带板组成。

与当时德国其他的半履带车辆一样，SdKfz 250装甲车采用一种新的转向方法，即在公路上行驶时，只需操纵方向盘，利用前轮来转向；在需要做小半径转向或在越野行驶时，则用科莱特拉克转向机构来转向，最小转向半径为5米。

# SdKfz 251 半履带装甲车

| 英语名称： | SdKfz 251 Armored Halftrack |
|---|---|
| 研制国家： | 德国 |
| 制造厂商： | 哈诺玛格公司 |
| 重要型号： | SdKfz 251/1/2/3/4/5/6/7/8/9/10/11 |
| 生产数量： | 15252辆 |
| 生产时间： | 1939～1945年 |
| 主要用户： | 德国陆军 |

| 基本参数 | |
|---|---|
| 长度 | 5.8米 |
| 宽度 | 2.1米 |
| 高度 | 1.75米 |
| 重量 | 7.81吨 |
| 最大速度 | 52千米/小时 |
| 最大行程 | 300千米 |

  **SdKfz 251半履带装甲车**是根据二战德国早期装甲部队步兵与坦克协同战术设计和生产的通用性半履带车，共有超过20种子型号，为德军在二战中使用的核心步兵战斗载具，几乎参加了二战期间德军所有的重大战斗。

  SdKfz 251半履带装甲车采用了当时不多见的半履带传送运动方式，以增加在恶劣地形下的越野能力，并能运载12名步兵。该车使用迈巴赫HL 42发动机，功率为74千瓦。SdKfz 251半履带装甲车的前方装甲厚14.5毫米，侧面厚8毫米，底盘厚6毫米。该车的半履带结构使维修和保养比较复杂，也大大增加了非战斗损耗，公路上的行进效果比不上轮式车辆，泥泞等复杂地形又不如坦克，而且其前轮不具备动力，也没有刹车功能，只负责转向导向。

# "鼬鼠"空降战车

| | |
|---|---|
| 英语名称： | Wiesel Armored Weapons Carrier |
| 研制国家： | 德国 |
| 制造厂商： | 保时捷汽车公司 |
| 重要型号： | Wiesel 1、Wiesel 2 |
| 生产数量： | 522辆 |
| 生产时间： | 1984~1993年 |
| 主要用户： | 德国陆军 |

| 基本参数 | |
|---|---|
| 长度 | 4.78米 |
| 宽度 | 1.87米 |
| 高度 | 2.17米 |
| 重量 | 4.78吨 |
| 最大速度 | 70千米/小时 |
| 最大行程 | 200千米 |

　　**"鼬鼠"空降战车**是德国专为空降部队研制的轻型装甲战斗车辆，20世纪80年代开始服役，有"鼬鼠"1和"鼬鼠"2两种型号。前者没有三防装置，而"鼬鼠"2可根据需要装备三防装置。两种型号都可由CH-47、CH-53直升机或运输机空运，也可由CH-47和CH-53直升机吊运。

　　"鼬鼠"1是一种动力前置式车辆，发动机在车体前部左侧，传动装置横置于发动机前方。发动机是大众汽车公司的水冷涡轮增压柴油机，最大功率为64千瓦。该车具有良好的陆上机动性，能爬31度的坡道，跨越1.2米宽的壕沟和0.4米高的垂直墙。"鼬鼠"2在"鼬鼠"1的基础上稍微加长了车身，车重稍有增加，行动部分增加了1对负重轮。两种型号都可搭载20毫米机炮、迫击炮或反坦克导弹作为武器平台，而"鼬鼠"2的战斗室较大，还能搭载3~5名步兵。

## "山猫" 装甲侦察车

**英语名称：** Lynx Armored Reconnaissance Vehicle
**研制国家：** 德国
**制造厂商：** 戴姆勒·奔驰公司
**重要型号：** Luchs A1、Luchs A2
**生产数量：** 408辆
**生产时间：** 1975～1978年
**主要用户：** 德国陆军

| 基本参数 | |
|---|---|
| 长度 | 7.74米 |
| 宽度 | 2.98米 |
| 高度 | 2.84米 |
| 重量 | 19.5吨 |
| 最大速度 | 90千米/小时 |
| 最大行程 | 730千米 |

　　**"山猫"装甲侦察车**是德国在二战后研发的轮式水陆两用装甲车，专门用于深入敌后执行侦察任务。该车是8×8轮式装甲车，车前后皆有驾驶员，发动机的动力以传动轴传送到8个车轮，前后4组车轮皆可转弯也可以8个车轮一起转弯。车身是焊接结构而且是船形，车后有水上推进用的螺旋桨。

　　"山猫"装甲侦察车的正面装甲可抵挡20毫米口径炮弹，而侧面可抵挡12.7毫米口径机枪子弹的攻击，在其车身中央是一个双人炮塔，内里有车长和炮手，两人皆可操作1门20毫米Rh202机关炮，该炮有375发炮弹，分别是穿甲弹75发和榴弹300发。

　　"山猫"装甲侦察车的机动性良好，转弯半径小，航程远，而且由于要深入敌后进行侦察，故其发动机有一个大型消音器，以保证它可以安静行驶而不会惊动敌人。

## "狐"式装甲侦察车

| 英语名称： |
|---|
| Fennek Armored Reconnaissance Vehicle |
| 研制国家：德国、荷兰 |
| 制造厂商：克劳斯-玛菲公司、荷兰防御车辆系统公司 |
| 重要型号：Fennek LVB/MRAT/AD/MR |
| 生产数量：630辆以上 |
| 生产时间：2003年至今 |
| 主要用户：德国陆军、荷兰陆军 |

| 基本参数 | |
|---|---|
| 长度 | 5.71米 |
| 宽度 | 2.49米 |
| 高度 | 1.79米 |
| 重量 | 10.4吨 |
| 最大速度 | 115千米/小时 |
| 最大行程 | 860千米 |

"狐"式装甲侦察车是德国研制的轻型轮式装甲侦察车,21世纪初开始服役。整车由前至后分别为：乘员舱、动力舱和载员舱。该车有两名乘员：车长和驾驶员,车长兼机枪手在车体前部右侧,驾驶员在车体前部左侧,两人并排而坐。载员为10人,全部安置在车体后部的载员舱内,10名载员有各自独立的折叠式座椅,面对面而坐。整车的设施可以保证乘载员24小时在车内连续战斗,而不致过分疲劳。

"狐"式装甲侦察车为钢装甲全焊接结构,主要部位采用间隔装甲,防弹外形较好,具有对轻武器弹药的防护能力。车内有标准的三防装置。其电气系统的工作电压为24伏,有4部蓄电池,必要时还可以再加装2部蓄电池,以增大蓄电池的容量。左后门的旁边还有一部5千瓦的辅助发动机。该车密封性很好,不经准备便可以直接进入水中航行。

## "秃鹰"装甲输送车

| | |
|---|---|
| 英语名称: | Condor Armored Personnel Carrier |
| 研制国家: | 德国 |
| 制造厂商: | 亨舍尔公司 |
| 重要型号: | UR-425 |
| 生产数量: | 610辆 |
| 生产时间: | 1981~1984年 |
| 主要用户: | 马来西亚陆军、乌拉圭陆军、土耳其陆军 |

| 基本参数 | |
|---|---|
| 长度 | 6.13米 |
| 宽度 | 2.47米 |
| 高度 | 2.18米 |
| 重量 | 12.4吨 |
| 最大速度 | 95千米/小时 |
| 最大行程 | 900千米 |

"秃鹰"装甲输送车的设计尽量采用标准量产零部件,保证采购和生命周期成本最小化。该车为箱型车体,驾驶员位于前部左侧,突出部分前面和侧面有窗,车前下方向内倾斜,车体前上装甲倾斜,水平车顶延伸至车尾,车体四角成一定角度。车身侧面各有2个大负重轮,两面各有一扇向前开的门,车尾有一扇。车身侧面中部拱起,车轮上方突出。

"秃鹰"装甲输送车具备完全两栖能力,在水中由车体下方螺旋桨推动。入水前,需在车前竖起防浪板。该车的可选设备包括加温器和绞盘等。后者有50米长的缆绳,能用于车体正面或车尾。"秃鹰"装甲输送车装有亨舍尔公司设计的单人炮塔,配备1门20毫米机关炮,此外还有1挺7.62毫米机枪。单人炮塔上也可换装"霍特"反坦克导弹发射装置或12.7毫米机枪等武器。

第 6 章 德国坦克与装甲车

# "拳击手" 装甲输送车

| | |
|---|---|
| 英语名称： | Boxer Armored Fighting Vehicle |
| 研制国家： | 德国、荷兰 |
| 制造厂商： | 装甲车辆科技工业集团 |
| 重要型号： | Boxer CP/AMB/GNGP/DTV |
| 生产数量： | 700辆以上 |
| 生产时间： | 2009年至今 |
| 主要用户： | 德国陆军、荷兰陆军、立陶宛陆军 |

Tanks And Armoured Vehicles

| 基本参数 | |
|---|---|
| 长度 | 7.88米 |
| 宽度 | 2.99米 |
| 高度 | 2.37米 |
| 重量 | 25.2吨 |
| 最大速度 | 103千米/小时 |
| 最大行程 | 1050千米 |

　　"拳击手"装甲输送车采用钢和陶瓷组成的模块化装甲，由螺栓加以固定。这种模块化装甲在顶部可抵御攻顶式导弹，在底盘可抵御地雷破坏。"拳击手"装甲输送车的外形光滑，结构平整，有助于降低雷达信号强度，车上还有减少红外特征的措施。

　　"拳击手"装甲输送车最多可容纳11名乘员，其设计非常强调乘坐舒适性，使乘员能在艰苦的作战环境下长时间坚持作战。全密封的装甲结构，既为乘员提供了包括三防在内的全面防护，也便于安装大功率空调系统，适于在炎热地区长期作战。每个乘员座椅都配有安全带。优化设计的悬挂装置和减震系统，大大降低了车内噪声。液压控制的跳板式后部车门，使乘员能迅速上下车。车内的有效容积达14立方米，提供了宽敞、舒适的车内生活和战斗环境。

## "野犬"全方位防护运输车

| 英语名称： |  |
|---|---|
| Dingo All Round Protection Transport Vehicle | |
| 研制国家：德国 | |
| 制造厂商：克劳斯-玛菲公司 | |
| 重要型号：Dingo 1、Dingo 2 | |
| 生产数量：700辆以上 | |
| 生产时间：2001年至今 | |
| 主要用户：德国陆军、奥地利陆军、比利时陆军、捷克陆军 | |

| 基本参数 | |
|---|---|
| 长度 | 5.4米 |
| 宽度 | 2.3米 |
| 高度 | 2.4米 |
| 重量 | 8.8吨 |
| 最大速度 | 120千米/小时 |
| 最大行程 | 700千米 |

"野犬"全方位防护运输车是德国国防军现役的军用装甲车,主要有"野犬"1和"野犬"2两种型号。与"野犬"1相比,"野犬"2能够执行更多任务,目前已开发出人员输送车、救护车、货车、指挥控制车、防空车和前线观察车等车型。

"野犬"全方位防护运输车具有良好的防卫性能,能够承受恶劣的路况、机枪扫射和小型反坦克武器的攻击。该车装有1挺7.62毫米遥控机枪,也可以用12.7毫米机枪或HK GMG自动榴弹发射器取代。"野犬"2是"野犬"1的改进型,主要提高了防护能力(可以加挂模块式附加装甲)和载荷,并配备了后视摄像机,有利于在城市环境下驾驶车辆。除此之外,"野犬"2还降低了红外信号特征,在红外线热像仪前面具有一定的隐身能力。

# "猎豹" 坦克歼击车

| 英语名称： |
|---|
| Jagdpanther Tank Destroyer |
| 研制国家：德国 |
| 制造厂商：克虏伯公司 |
| 重要型号：G1、G2 |
| 生产数量：415辆 |
| 生产时间：1944～1945年 |
| 主要用户：德国陆军 |

Tanks And Armoured Vehicles

| 基本参数 | |
|---|---|
| 长度 | 9.87米 |
| 宽度 | 3.42米 |
| 高度 | 2.71米 |
| 重量 | 45.5吨 |
| 最大速度 | 46千米/小时 |
| 最大行程 | 160千米 |

　　**"猎豹"坦克歼击车**采用"豹"式中型坦克的底盘，保留了原车的动力装置和低矮车体，增加了一种新的上部结构。单从外形上看，"猎豹"坦克歼击车的前倾斜甲板一直延伸到顶部，简洁明快，由于其基型的底盘略有不同，使其前后生产型的外观特点也有所不同。

　　"猎豹"坦克歼击车在很多方面具有"豹"式中型坦克的特征，但它的火力比后者强，配备1门Pak43L/71式88毫米火炮，且身管长度和"虎王"重型坦克相差无几。"猎豹"坦克歼击车正面装甲的厚度与"豹"式中型坦克一样，为80毫米厚、55度倾角的装甲，可以抵御绝大多数盟军坦克的正面攻击，甚至是IS-2重型坦克、"潘兴"坦克都无法在较远距离有效击穿其正面装甲，而"谢尔曼"坦克或T-34坦克更是无能为力。相比之下，"猎豹"坦克歼击车可以在2000米距离击毁大部分盟军坦克。

# "猎虎" 坦克歼击车

| 英语名称： | |
|---|---|
| Jagdtiger Tank Destroyer | |
| 研制国家：德国 | |
| 制造厂商：亨舍尔公司 | |
| 重要型号：Ausf B | |
| 生产数量：88辆 | |
| 生产时间：1944～1945年 | |
| 主要用户：德国陆军 | |

Tanks And Armoured Vehicles ★★★

| 基本参数 | |
|---|---|
| 长度 | 10.65米 |
| 宽度 | 3.6米 |
| 高度 | 2.8米 |
| 重量 | 71.7吨 |
| 最大速度 | 34千米/小时 |
| 最大行程 | 120千米 |

**"猎虎"坦克歼击车**是基于"虎王"重型坦克的底盘以及部件改造而成，它安装了1门128毫米PaK44 L/55型火炮（取自"鼠"式重型坦克），还有少部分装备的是88毫米火炮。辅助武器是2挺用于防空和自卫的MG34机枪或MG42机枪。"猎虎"坦克歼击车的主炮是二战中威力最强大的反坦克炮，它可以轻易地在盟军绝大多数火炮的范围以外击毁盟军的坦克。

"猎虎"坦克歼击车的总体布局与"虎王"重型坦克相同，但是由于取消了旋转炮塔，侧装甲板延伸到车体顶部，再加上乘员增至6人，使得舱门位置有了相当大的变化。"猎虎"坦克歼击车的防护性能相当不错，战斗室正面的装甲厚度达到了250毫米，超过了"虎王"重型坦克炮塔最厚部位的装甲厚度。

# "美洲豹" 坦克歼击车

| 英语名称： | | 基本参数 | |
|---|---|---|---|
| Kanonenjagdpanzer Tank Destroyer | | 长度 | 6.24米 |
| 研制国家：德国 | | 宽度 | 2.98米 |
| 制造厂商：亨舍尔公司 | | 高度 | 2.09米 |
| 重要型号：JPZ4-5 | | 重量 | 27.5吨 |
| 生产数量：770辆 | | 最大速度 | 70千米/小时 |
| 生产时间：1965~1967年 | | 最大行程 | 385千米 |
| 主要用户：德国陆军、比利时陆军 | | | |

"美洲豹"坦克歼击车的车体为钢装甲全焊接结构，装甲厚度为10~50毫米。战斗室位于车体前部，动力传动装置位于车体后部。火炮装在车体首上甲板的中央偏右位置。车内装有无线电台和车内通话器。动力装置为一台MTU MB 837水冷式柴油发动机，最大功率为368千瓦。传动装置为液力机械式变速箱，有3个前进挡和3个倒挡。车体每侧有5个负重轮和3个托带轮，诱导轮在前，主动轮在后。

"美洲豹"坦克歼击车的主要武器为90毫米M1966反坦克炮，有双气室炮口制退器和炮膛抽烟装置。火炮的高低射界为-8度~+15度，方向射界15度，均为手动操纵，最大射速为每分钟12发。配用的弹种有穿甲弹、超速穿甲弹、破甲弹、碎甲弹等，炮弹的弹药基数为51发。辅助武器为1挺7.62毫米并列机枪及1挺7.62毫米高射机枪。

# "猎豹"自行高射炮

| 英语名称：Gepard Self-propelled Anti-aircraft Gun |
| --- |
| 研制国家：德国 |
| 制造厂商：莱茵金属集团 |
| 重要型号：Gepard 1A2 |
| 生产数量：700辆 |
| 生产时间：1978~1990年 |
| 主要用户：德国陆军、荷兰陆军、比利时陆军、巴西陆军 |

Tanks And Armoured Vehicles

| 基本参数 | |
| --- | --- |
| 长度 | 7.68米 |
| 宽度 | 3.71米 |
| 高度 | 3.29米 |
| 重量 | 47.5吨 |
| 最大速度 | 65千米/小时 |
| 最大行程 | 550千米 |

"猎豹"自行高射炮采用"豹"1主战坦克的底盘改装而成，便于实现底盘零件的通用化和系列化，降低研制和采购成本。不过，为了能够容下众多部件，对原底盘做了不少改动，包括适当加大车体长度，改进前后装甲，在部分部位采用了间隔装甲，其他部位的装甲减薄等。

"猎豹"自行高射炮的主要武器为2门瑞士厄利空公司制造的KDA型35毫米机关炮，身管长为90倍口径，每门炮的理论射速为550发/分。弹药基数为对空320发，对地20发。它既可攻击中低空飞行的飞机，也可攻击轻型装甲车辆等地面目标。火炮的方向射界为360度，高低射界为-5度~+85度，身管寿命为2500~3000发。配用的弹种有燃烧榴弹、穿甲燃烧爆破弹、脱壳穿甲弹等。发射燃烧榴弹时最大射程12800米，有效射程4000米。

▲ "猎豹"自行高射炮侧前方视角

▼ 训练场上的"猎豹"自行高射炮

# PzH 2000 自行火炮

| 英语名称： | PzH 2000 Self-propelled Artillery |
|---|---|
| 研制国家： | 德国 |
| 制造厂商： | 克劳斯·玛菲公司 |
| 重要型号： | PzH 2000 |
| 生产数量： | 360辆以上 |
| 生产时间： | 1995年至今 |
| 主要用户： | 德国陆军、意大利陆军、挪威陆军、瑞典陆军、丹麦陆军 |

| 基本参数 | |
|---|---|
| 长度 | 11.7米 |
| 宽度 | 3.6米 |
| 高度 | 3.1米 |
| 重量 | 55.8吨 |
| 最大速度 | 67千米/小时 |
| 最大行程 | 420千米 |

**PzH 2000自行火炮**的车体前方左部为发动机室，右部为驾驶室，车体后部为战斗室，并装有巨型炮塔。这种布局能够获得宽大的空间。车体的装甲厚度为10~50毫米，可抵御榴弹破片和14.5毫米穿甲弹。炮塔可加装反应装甲，可有效防御攻顶弹药。另外还有各种防护系统，包括对生、化、核的防护措施。

PzH 2000自行火炮采用莱茵金属公司的155毫米L52榴弹炮，配有自动装填机，在弹架中有32发可以随时发射的炮弹，总带弹量达到60发，爆发射速为3发/10秒，并可以在较长时间内保持10发/分的高射速。PzH 2000自行火炮配有热成像昼夜瞄准具、综合式定位定向系统、数字计算机，实现了自动瞄准、自动供弹。在使用普通弹药时射程即可达到40千米，使用增程弹时可以达到56千米的超远射程。

第 6 章 德国坦克与装甲车

▲ 快速行驶的PzH 2000自行火炮

▼ PzH 2000自行火炮侧后方视角

Tanks And Armoured vehicles   第7章

# 其他国家坦克与装甲车

除了美国、苏联/俄罗斯、英国、法国和德国等军事强国外,还有许多国家在坦克与装甲车的设计制造方面颇具实力,包括意大利、以色列、瑞典和日本等。

## "豹" 2E 主战坦克

| | |
|---|---|
| 英语名称： | Leopard 2E Main Battle Tank |
| 研制国家： | 德国、西班牙 |
| 制造厂商： | 克劳斯·玛菲公司 |
| 重要型号： | Leopard 2E |
| 生产数量： | 219辆 |
| 生产时间： | 2003～2008年 |
| 主要用户： | 西班牙陆军 |

| 基本参数 | |
|---|---|
| 长度 | 7.7米 |
| 宽度 | 3.7米 |
| 高度 | 3米 |
| 重量 | 63吨 |
| 最大速度 | 72千米/小时 |
| 最大行程 | 500千米 |

　　**"豹"2E主战坦克**是德国"豹"2主战坦克的一种衍生型，"E"代表西班牙语中的西班牙。该坦克在车体斜侧、炮塔正面和炮塔顶部增设了大量装甲，并且在生产过程中就将装甲加以装配，而非如德国"豹"2A5坦克和"豹"2A6坦克生产后再附加。因此，"豹"2E主战坦克是现役的"豹"2系列主战坦克中防护力最好的一种。

　　"豹"2 主战坦克装备了德国莱茵金属公司的120毫米L/55坦克炮，还能换装140毫米主炮。辅助武器为2挺7.62毫米MG3通用机枪。车长与炮手可使用源于BGM-71"陶"式导弹发射系统的热成像观测器，这些装备由英德拉公司和莱茵金属集团负责配置到坦克上。英德拉公司还负责提供坦克的指挥与控制系统，称作"'豹'式坦克信息与通信设备"，以瑞典和德国的综合指挥信息系统为基础衍生而来。

第 7 章 其他国家坦克与装甲车

▲ 训练场上的"豹"2E主战坦克

▼ "豹"2E主战坦克在山区行驶

# M13/40 中型坦克

| 英语名称: | M13/40 Medium Tank |
|---|---|
| 研制国家: | 意大利 |
| 制造厂商: | 菲亚特公司 |
| 重要型号: | M13/40 |
| 生产数量: | 2000辆以上 |
| 生产时间: | 1940～1941年 |
| 主要用户: | 意大利陆军 |

Tanks And Armoured Vehicles
★★☆

| 基本参数 | |
|---|---|
| 长度 | 4.92米 |
| 宽度 | 2.28米 |
| 高度 | 2.37米 |
| 重量 | 14吨 |
| 最大速度 | 32千米/小时 |
| 最大行程 | 200千米 |

　　**M13/40中型坦克**是二战中意大利陆军使用最广泛的中型坦克，尽管是以中型坦克的理念来设计，但其装甲与火力的标准较接近轻型坦克。M13/40中型坦克的装甲由铆接的钢板所构成，厚度分别为：车前30毫米、炮塔前42毫米、侧面25毫米、车底6毫米、顶部15毫米。乘员位于前方战斗舱，发动机置于车后方，传动装置则在前方。战斗舱可容纳4名乘员：驾驶员、机枪手在车体中，而炮手与车长则在炮塔中。

　　M13/40中型坦克的主要武器为1门47毫米火炮，共载有104发穿甲弹与高爆弹，能够在500米距离贯穿45毫米的装甲板，能有效对付英军的轻型坦克与巡航坦克，但仍无法对付较重型的步兵坦克。M13/40中型坦克还装有3～4挺机枪：1挺同轴机枪和2挺前方机枪，置于球形炮座。另外一挺机枪则弹性装设于炮塔顶，作为防空机枪。

第 7 章 其他国家坦克与装甲车

## P-40 重型坦克

| 英语名称: | P-40 Heavy Tank |
|---|---|
| 研制国家: | 意大利 |
| 制造厂商: | 安萨尔多公司 |
| 重要型号: | P-40 |
| 生产数量: | 100辆以上 |
| 生产时间: | 1943～1944年 |
| 主要用户: | 意大利陆军、德国陆军 |

Tanks And Armoured Vehicles
★★★

| 基本参数 | |
|---|---|
| 长度 | 5.8米 |
| 宽度 | 2.8米 |
| 高度 | 2.5米 |
| 重量 | 26吨 |
| 最大速度 | 40千米/小时 |
| 最大行程 | 280千米 |

  **P-40重型坦克**是二战中意大利最重的坦克，尽管意大利将其归类为重型坦克，但按其他国家的吨位标准只能算是中型坦克。虽然意大利军方下了1000辆的订单，但由于意大利不断受到盟军轰炸，位于都灵的发动机制造厂也损失惨重，因此直到意大利投降时也仅有少量P-40重型坦克出厂。

  P-40重型坦克采用避弹性佳的斜面装甲，装有1门75毫米火炮，仅有65发弹药。该坦克最初设计搭载3挺机枪，之后取消了1挺前部机枪。机枪备弹量仅有600发，低于二战大多数坦克。总的来说，P-40重型坦克的设计在当时比较新颖，但仍缺乏焊接、可靠的悬吊装置和保护车长的顶盖等现代化技术或装置。即便如此，P-40重型坦克仍是二战时期意大利最出色的坦克。

# OF-40 主战坦克

| 英语名称： | OF-40 Main Battle Tank |
|---|---|
| 研制国家： | 意大利 |
| 制造厂商： | 奥托·梅莱拉公司、菲亚特公司 |
| 重要型号： | OF-40 Mk.2、OF-40 ARV |
| 生产数量： | 36辆 |
| 生产时间： | 1981年至今 |
| 主要用户： | 阿联酋陆军 |

| 基本参数 | |
|---|---|
| 长度 | 9.22米 |
| 宽度 | 3.51米 |
| 高度 | 2.45米 |
| 重量 | 45.5吨 |
| 最大速度 | 60千米/小时 |
| 最大行程 | 600千米 |

  **OF-40主战坦克**的车体用焊接方法制成，分为3个舱，驾驶舱在车体前右部，战斗舱在车体中部，动力舱位于车体后部。驾驶员有1个单扇舱盖舱口，舱盖升起后可向左转动，以便出入驾驶舱和开舱驾驶，驾驶员前面有3具潜望镜，中间1具在夜间驾驶时可换成微光潜望镜，座椅后的底甲板上开有安全门，驾驶舱左边的车体前部空间装有三防装置。

  OF-40主战坦克的主要武器是1门105毫米线膛坦克炮，炮管上装有抽气装置和热护套，炮管长为口径的52倍，可发射北约组织的所有制式105毫米弹药，包括脱壳穿甲弹、榴霰弹、破甲弹、碎甲弹、烟幕弹和尾翼稳定脱壳穿甲弹，训练有素的乘员可达到每分钟9发的射速。该坦克的辅助武器为2挺7.62毫米机枪，包括安装在主炮左边的同轴机枪和安装在炮塔上的防空机枪。

# "公羊"主战坦克

| 英语名称: | Ariete Main Battle Tank |
|---|---|
| 研制国家: | 意大利 |
| 制造厂商: | 芬梅卡尼卡集团 |
| 重要型号: | Ariete Mk 1/2 |
| 生产数量: | 200辆 |
| 生产时间: | 1995~2002年 |
| 主要用户: | 意大利陆军 |

| 基本参数 | |
|---|---|
| 长度 | 9.52米 |
| 宽度 | 3.61米 |
| 高度 | 2.45米 |
| 重量 | 54吨 |
| 最大速度 | 65千米/小时 |
| 最大行程 | 600千米 |

**"公羊"主战坦克**的车体和炮塔用轧制钢板焊接而成,重点部位采用新型复合装甲,如第一、二负重轮位置处的装甲裙板也采用了复合装甲,可以有效防御来自侧面的攻击,保护坦克的驾驶员。作为第三代主战坦克,"公羊"主战坦克也配备了超压式全密封三防系统、自动灭火抑爆装置和烟幕发射装置。

"公羊"主战坦克的主要武器是1门奥托·梅莱拉120毫米滑膛炮,为德国RH120坦克炮的仿制品,弹药也可与RH120坦克炮通用。"公羊"主战坦克可携带42发炮弹,其中15发储存于炮塔尾舱,27发储存于车体内。"公羊"主战坦克的辅助武器为1挺与主炮并列安装的7.62毫米机枪和1挺安装在车长指挥塔盖上的7.62毫米防空机枪,防空机枪可由车长在车内遥控射击。

▲"公羊"主战坦克侧前方视角

▼"公羊"主战坦克侧面视角

第 7 章 其他国家坦克与装甲车

# "达多"步兵战车

| 英语名称： | Dardo Infantry Fighting Vehicle |
|---|---|
| 研制国家： | 意大利 |
| 制造厂商： | 依维柯公司 |
| 重要型号： | VCC-80 |
| 生产数量： | 200辆以上 |
| 生产时间： | 1998年至今 |
| 主要用户： | 意大利陆军 |

| 基本参数 | |
|---|---|
| 长度 | 6.7米 |
| 宽度 | 3米 |
| 高度 | 2.64米 |
| 重量 | 23.4吨 |
| 最大速度 | 70千米/小时 |
| 最大行程 | 600千米 |

　　"达多"步兵战车的车体及炮塔由铝合金装甲板焊接而成，同时在车体前部及两侧采用了高硬度钢装甲板，并用螺栓紧固，钢装甲板的厚度根据安装位置和铝合金装甲板倾斜度而有所不同。与其他履带式步兵战车一样，"达多"步兵战车也采取动力、传动装置前置方案，其前部右侧为发动机舱，左侧为驾驶舱。动力舱的进出气百叶窗均在车体顶部，排气管则在车体右侧。

　　"达多"步兵战车在设计时充分考虑了驾驶员开窗驾驶时的视野，即其左右两侧均无遮挡，视野开阔，而同类步兵战车内驾驶员一侧的视野几乎全部被发动机舱盖挡住。"达多"步兵战车的主要武器是1门25毫米KBA-B02型机关炮，弹药基数为400发。主炮旁边是1挺7.62毫米MG42/59同轴机枪，弹药基数为1200发。

# "半人马"坦克歼击车

| 英语名称：Centauro Tank Destroyer |
|---|
| 研制国家：意大利 |
| 制造厂商：奥托·梅莱拉公司、依维柯公司 |
| 重要型号：Centauro 105毫米 |
| 生产数量：490辆 |
| 生产时间：1991~2006年 |
| 主要用户：意大利陆军、西班牙陆军、约旦陆军 |

| 基本参数 | |
|---|---|
| 长度 | 7.85米 |
| 宽度 | 2.94米 |
| 高度 | 2.73米 |
| 重量 | 24吨 |
| 最大速度 | 108千米/小时 |
| 最大行程 | 800千米 |

"半人马"坦克歼击车以全车身焊接钢板为标准装甲，可以抵挡14.5毫米口径的武器直接攻击，正面可挡25毫米口径的武器攻击，可视情况再外加装甲到抵挡30毫米口径的武器。车上的空调系统有核生化警报装置，车外两侧装有烟雾弹发射装置和激光警告装置，可以在被激光瞄准类武器锁定时发出警告。

"半人马"坦克歼击车的主要武器是1门奥托·梅莱拉105毫米火炮，有热套筒和排烟器，炮塔上一次可装14发弹药，车内另有26发弹药。该炮可发射标准北约弹药，包括尾翼稳定脱壳穿甲弹。辅助武器是1挺7.62毫米同轴机枪和1挺车顶7.62毫米防空机枪，一共备弹4000发。炮手的瞄准器非常稳定，并有热成像仪和激光测距仪，车长控制台装有全景式稳定视窗和增强夜视镜。

第 7 章 其他国家坦克与装甲车

# "梅卡瓦" 主战坦克

| 英语名称： | Merkava Main Battle Tank |
|---|---|
| 研制国家： | 以色列 |
| 制造厂商： | 以色列国防军军械部 |
| 重要型号： | Merkava Mk Ⅰ/Ⅱ/Ⅲ/Ⅳ |
| 生产数量： | 2300辆以上 |
| 生产时间： | 1978年至今 |
| 主要用户： | 以色列陆军 |

| 基本参数 | |
|---|---|
| 长度 | 8.3米 |
| 宽度 | 3.7米 |
| 高度 | 2.65米 |
| 重量 | 61吨 |
| 最大速度 | 46千米/小时 |
| 最大行程 | 500千米 |

　　**"梅卡瓦"主战坦克**采用了独特的动力传动装置前置的总体布局，以提高坦克的正面防护能力。车体内部由前至后分别为：动力-传动舱（前左）、驾驶室（前右）、战斗室和车厢。通常情况下，后部的车厢只装弹药，必要时可载8名全副武装的步兵或4副担架。"梅卡瓦"坦克的炮塔扁平，四周采用了复合装甲，车体四周也挂有模块化复合装甲，并在驾驶舱内壁敷设了一层轻型装甲，以加强驾驶员的安全。

　　第一代"梅卡瓦"坦克使用的主炮为105毫米线膛炮，但从第三代开始换装了火力更强的120毫米滑膛炮。"梅卡瓦"坦克的辅助武器相比其他主流主战坦克多了1门60毫米迫击炮，该迫击炮可收进车体，且能够遥控发射，主要用于攻击隐藏在建筑物后面的敌方人员。此外，该坦克还有2挺7.62毫米机枪和1挺12.7毫米机枪。

▲ 高速行驶的"梅卡瓦"主战坦克

▼ "梅卡瓦"主战坦克编队行驶

# "阿奇扎里特"装甲运兵车

| | |
|---|---|
| 英语名称: | Achzarit Armored Personnel Carrier |
| 研制国家: | 以色列 |
| 制造厂商: | 以色列国防军军械部 |
| 重要型号: | Achzarit Mk 1/2 |
| 生产数量: | 500辆以上 |
| 生产时间: | 1988年至今 |
| 主要用户: | 以色列陆军 |

### 基本参数

| | |
|---|---|
| 长度 | 6.2米 |
| 宽度 | 3.6米 |
| 高度 | 2米 |
| 重量 | 44吨 |
| 最大速度 | 65千米/小时 |
| 最大行程 | 600千米 |

"阿奇扎里特"装甲运兵车是以色列于20世纪80年代研制的重型装甲运兵车,以苏联T-54/T-55主战坦克改装而成,拆除了原有炮塔,重新改造了车身及加装反应装甲,原有的苏制水冷柴油发动机改为更高功率的478千瓦柴油发动机(Mk 1型),并将内部系统升级,在车顶加装多个舱门及车尾加装上下开合式舱门。Mk 2型换装了功率更大的625千瓦柴油发动机。

"阿奇扎里特"装甲运兵车主要用于人员的输送,一次可装载7人。车体外部由反应装甲覆盖,可以抵御火箭弹和早期的反坦克导弹打击。该车装有3挺7.62毫米MAG通用机枪和"拉斐尔"车顶武器系统(装有7.62毫米或12.7毫米机枪),这种遥控武器系统由以色列拉斐尔公司研制,可在车内操控。

经典坦克与装甲车鉴赏指南

# Strv 74 主战坦克

| 英语名称：Strv 74 Main Battle Tank |
|---|
| 研制国家：瑞典 |
| 制造厂商：博福斯公司 |
| 重要型号：Strv 74H/V |
| 生产数量：225辆 |
| 生产时间：1958~1960年 |
| 主要用户：瑞典陆军 |

| 基本参数 | |
|---|---|
| 长度 | 6.08米 |
| 宽度 | 2.43米 |
| 高度 | 3米 |
| 重量 | 22.5吨 |
| 最大速度 | 45千米/小时 |
| 最大行程 | 200千米 |

Tanks And Armoured Vehicles

　　**Strv 74主战坦克**是瑞典以二战时期的Strv M/42中型坦克为基础改进而来的主战坦克，20世纪60年代初是瑞典陆军的主要坦克。瑞典陆军购买英国"百夫长"主战坦克后，Strv 74主战坦克被转移到预备部队，最终于1984年完全退役。

　　Strv 74主战坦克的动力装置为两台斯堪尼亚·巴比斯公司的L607汽油发动机，单台功率为127千瓦。另有辅助发动机1台，用于发电。Strv 74主战坦克的侧减速器也做了改进，履带也换为加宽的新型履带。该坦克的主要武器为1门长身管的75毫米火炮，带炮膛抽气装置，其威力与法国AMX-13轻型坦克的75毫米火炮相当。Strv 74主战坦克的辅助武器为2挺8毫米M/39机枪，一挺是同轴机枪，另一挺是防空机枪。

# Strv 103 主战坦克

| | |
|---|---|
| 英语名称: | Strv 103 Main Battle Tank |
| 研制国家: | 瑞典 |
| 制造厂商: | 博福斯公司 |
| 重要型号: | Strv 103A/B/C/D |
| 生产数量: | 290辆 |
| 生产时间: | 1967~1971年 |
| 主要用户: | 瑞典陆军 |

| 基本参数 | |
|---|---|
| 长度 | 9米 |
| 宽度 | 3.8米 |
| 高度 | 2.14米 |
| 重量 | 42吨 |
| 最大速度 | 50千米/小时 |
| 最大行程 | 390千米 |

**Strv 103主战坦克**的总体布置较为独特，火炮固定在车体前部中心线上，车内发动机和传动装置前置，中部是战斗舱，后部放置弹药和自动装填装置。战斗舱内3名乘员基本上位于同一高度，车长在战斗舱的右侧，驾驶员兼炮长在左侧，其后方是机电员，两人背靠背就座。战斗舱内底板上开有安全门，车内没有通话装置。在车体前部装甲板下方固定安装有升降式推土铲，依靠车体的俯仰进行推土作业。

Strv 103主战坦克的主要武器是1门博福斯公司的105毫米L74式加农炮，可以发射穿甲弹、榴弹和烟幕弹，根据需要也可发射碎甲弹。由于采用了液压操纵自动装弹机，省去了1名装填手，且可增加火炮射速。该坦克的辅助武器是3挺7.62毫米KSP58机枪，其中两挺同轴机枪固定安装在车体左侧平台上，另一挺防空机枪装在车长指挥塔左侧。

▲ Strv 103主战坦克侧前方视角

▼ Strv 103主战坦克侧面视角

# CV90 步兵战车

| 英语名称： | CV90 Infantry Fighting Vehicle |
|---|---|
| 研制国家： | 瑞典 |
| 制造厂商： | 乌特维克林公司 |
| 重要型号： | CV9030、CV9035、CV9040 |
| 生产数量： | 1000辆以上 |
| 生产时间： | 1993年至今 |
| 主要用户： | 瑞典陆军、芬兰陆军、荷兰陆军、挪威陆军 |

| 基本参数 | |
|---|---|
| 长度 | 6.55米 |
| 宽度 | 3.1米 |
| 高度 | 2.7米 |
| 重量 | 35吨 |
| 最大速度 | 70千米/小时 |
| 最大行程 | 320千米 |

　　**CV90步兵战车**的型号和变型车众多，均采用相同的配置，驾驶舱位于左前方，动力舱在右方，中间为双人炮塔，载员舱在尾部。为了增大内部空间，大多数出口型车辆尾部载员舱的车顶都设计得稍高。如有需要，该系列战车的总体布置可根据用户要求定制。车体采用钢装甲结构，有附加装甲和"凯夫拉"衬层。行动部分采用扭杆悬挂。有7对负重轮，无托带轮。CV90步兵战车有3名车组成员，载员舱可容纳8名步兵。

　　CV90步兵战车的主要武器通常是1门40毫米博福斯机关炮，弹药基数为240发，可单发、点射或连发。配用的弹种有对付飞机和直升机的近炸引信预制破片榴弹，对付地面目标的榴弹和穿甲弹等。CV90步兵战车的辅助武器为1挺7.62毫米M1919型机枪和6具76毫米榴弹发射器。该车具有一定的战略机动性，能用铁路和民用平板卡车运输。

▲CV90步兵战车侧前方视角

▼CV90步兵战车在非铺装路面行驶

# Bv 206 全地形装甲车

| | |
|---|---|
| 英语名称： | Bv 206 All Terrain Armored Vehicle |
| 研制国家： | 瑞典 |
| 制造厂商： | 阿尔维斯·赫格隆公司 |
| 重要型号： | Bv 206A/F/S |
| 生产数量： | 11000辆 |
| 生产时间： | 1976～1990年 |
| 主要用户： | 瑞典陆军、意大利陆军、德国陆军、西班牙陆军、韩国陆军 |

Tanks And Armoured Vehicles

| 基本参数 | |
|---|---|
| 长度 | 6.9米 |
| 宽度 | 1.87米 |
| 高度 | 2.4米 |
| 重量 | 4.5吨 |
| 最大速度 | 50千米/小时 |
| 最大行程 | 330千米 |

　　**Bv 206全地形装甲车**是一种多用途的全地形运输车，能在包括雪地、沼泽等所有地形上行驶，主要用于输送战斗人员和物资。Bv 206全地形装甲车由两节车厢组成，车身之间用转向装置连接。每节车厢由底盘和车身组成。车身用耐火玻璃纤维增强塑料制成，采用双层结构，不但坚固耐用，比钢车厢轻，而且还可以起防翻车作用。底盘部分由中央梁、侧传动和行动装置总成组成。4个独立的行动装置总成可互相替换。

　　Bv 206全地形装甲车的前车厢内可载货600千克，或容纳5名士兵和1名驾驶员。后车厢可载货1400千克，或容纳11名全副武装的士兵。背囊等物可放在车顶，最重可承受200千克。Bv 206全地形装甲车在满载时可拖1辆总重为2.5吨的拖车在任何道路环境下行驶，后车厢可轻易地更换以作特殊用途。该车具备两栖能力，在水上靠履带划水推进。

# BvS 10 全地形装甲车

| 英语名称: | BvS 10 All Terrain Armored Vehicle |
|---|---|
| 研制国家: | 瑞典 |
| 制造厂商: | 阿尔维斯·赫格隆公司 |
| 重要型号: | BvS 10 |
| 生产数量: | 400辆以上 |
| 生产时间: | 2001年至今 |
| 主要用户: | 瑞典陆军、法国陆军、荷兰陆军、英国海军陆战队 |

Tanks And Armoured Vehicles
★★★

| 基本参数 | |
|---|---|
| 长度 | 7.6米 |
| 宽度 | 2.3米 |
| 高度 | 2.2米 |
| 重量 | 5吨（前车） |
| 陆地速度 | 65千米/小时 |
| 最大行程 | 300千米 |

　　**BvS 10全地形装甲车**由瑞典阿尔维斯·赫格隆公司研制，具备完全两栖能力，在水中可靠橡胶履带推进。该车是针对在全球范围内执行多种任务而设计的，可作为运兵车、指挥车、救护车、维修和救援车等。BvS 10全地形装甲车可通过CH-53直升机运输，能够进行快速部署。

　　BvS 10全地形装甲车的轮廓与阿尔维斯·赫格隆公司早期的Bv 206全地形装甲车接近，后车的两个垂直车壁没有车窗，仅在车体后面装有车门，前车两挡风玻璃间倾斜放置近乎垂直的壁壳，车体两边装有车门但仅在车前方装有窗户。英国海军陆战队装备的BvS 10全地形装甲车的车顶装有7.62毫米或12.7毫米机枪，以及一些标准的装备，包括数排烟雾弹发射器。

# Pz61 主战坦克

| 英语名称：Pz61 Main Battle Tank |
|---|
| 研制国家：瑞士 |
| 制造厂商：瑞士联邦制造厂 |
| 重要型号：Pz61 |
| 生产数量：150辆 |
| 生产时间：1965～1967年 |
| 主要用户：瑞士陆军 |

| 基本参数 | |
|---|---|
| 长度 | 9.45米 |
| 宽度 | 3.06米 |
| 高度 | 2.72米 |
| 重量 | 39吨 |
| 最大速度 | 55千米/小时 |
| 最大行程 | 250千米 |

　　**Pz61主战坦克**的车体和炮塔均为整体铸件，车体分为3个舱，前部是驾驶舱，中央是战斗舱，后部是动力舱。该坦克装有一台MB 837 V8水冷式柴油发动机，还有一台CM636柴油发动机为辅助动力。Pz61主战坦克采用方向盘控制，非常轻便。该坦克采用了少见的碟盘弹簧独立悬挂方式，这种悬挂系统不占用车内空间、便于维护，但行程比较短。

　　Pz61主战坦克的炮塔是一个铸造的近似半圆球体，内里右侧是车长和炮手，左侧是装填手，车长的瞭望塔有8个观测窗，但由于高度比装填手的瞭望塔略低，故而视野也略为受阻，炮塔正面的主炮是英制105毫米L7线膛炮，而炮弹由以色列军事工业供应，火控系统由法国地面武器工业集团供应。Pz61主战坦克的同轴机枪是7.5毫米MG 51机枪，在车顶的防空机枪也是MG 51机枪。

# Pz68 主战坦克

| 英语名称: | Pz68 Main Battle Tank |
|---|---|
| 研制国家: | 瑞士 |
| 制造厂商: | 瑞士联邦制造厂 |
| 重要型号: | Pz68、Pz68 Ⅰ、Pz68 Ⅱ |
| 生产数量: | 390辆 |
| 生产时间: | 1971~1983年 |
| 主要用户: | 瑞士陆军 |

| 基本参数 ||
|---|---|
| 长度 | 9.49米 |
| 宽度 | 3.14米 |
| 高度 | 2.72米 |
| 重量 | 40.8吨 |
| 最大速度 | 55千米/小时 |
| 最大行程 | 200千米 |

**Pz68主战坦克**是Pz61主战坦克的改进型,主要改进是安装了火炮双向稳定器、模拟式弹道计算机和红外探照灯等,使坦克具备了行进间射击和夜战能力。另外,Pz68主战坦克更换了功率更大的发动机,但是重量也增加了,所以其机动性并没有提高。Pz68主战坦克和Pz61主战坦克在外形上的区别很小,主要是Pz68主战坦克在炮塔左侧有弹药补充舱口,前灯也有不同。

1974年,推出了Pz68的改进型Pz68 Ⅰ,主要改进是加装了火炮热护套,加厚了瞄准镜四周的装甲盖板。1985年,又推出了Pz68 Ⅰ的改进型Pz68 Ⅱ,主要是增大了炮塔尺寸,安装新型火炮双向稳定器、新型炮长瞄准镜和新的液压冷却装置。此外,该坦克还有许多变型车,如自行高射炮、装甲抢救车、155毫米自行榴弹炮、装甲架桥车等。

# "食人鱼" 装甲车

| | |
|---|---|
| 英语名称： | Piranha Armored Fighting Vehicle |
| 研制国家： | 瑞士 |
| 制造厂商： | 莫瓦格公司 |
| 重要型号： | Piranha I / II / III / IV / V |
| 生产数量： | 5000辆以上 |
| 生产时间： | 1972年至今 |
| 主要用户： | 瑞士陆军、加拿大陆军、沙特阿拉伯陆军、丹麦陆军、以色列陆军、瑞典陆军 |

| 基本参数 | |
|---|---|
| 长度 | 4.6米 |
| 宽度 | 2.3米 |
| 高度 | 1.9米 |
| 重量 | 3吨 |
| 最大速度 | 100千米/小时 |
| 最大行程 | 780千米 |

"食人鱼"装甲车是一种轮式装甲战斗车辆，根据车轮数量有4×4、6×6、8×8、10×10等多种版本，是欧美国家广泛使用的装甲车。该车的动力装置为底特律6V53TA柴油发动机，功率为125千瓦。乘员可利用中央轮胎压力调节系统，依据车辆路面行驶状况调节轮胎压力。车内有预警信号装置，当车辆行驶速度超过所选择轮胎压力极限时，预警信号装置便发出报警信号。"食人鱼"装甲车有涉渡2米深水域的能力。涉水时，除用车轮滑水外，也用螺旋桨推进器。

"食人鱼"装甲车可以搭载的武器较多，如10×10版本的主要武器是1门105毫米线膛炮，炮塔可旋转360度。发射尾翼稳定的脱壳穿甲弹初速达1495米/秒，具有反坦克能力。辅助武器是1挺7.62毫米同轴机枪。车上携炮弹38发，枪弹2000发。

▲ 丹麦陆军装备的"食人鱼"装甲车

▼ "食人鱼"Ⅲ型装甲车

# SK-105 轻型坦克

| 英语名称： | SK-105 Light tank |
|---|---|
| 研制国家： | 奥地利 |
| 制造厂商： | 绍勒尔工厂 |
| 重要型号： | SK-105 A1/A2/A3 |
| 生产数量： | 750辆 |
| 生产时间： | 1971~1975年 |
| 主要用户： | 奥地利陆军、阿根廷陆军、摩洛哥陆军、突尼斯陆军、摩洛哥陆军 |

| 基本参数 | |
|---|---|
| 长度 | 5.58米 |
| 宽度 | 2.5米 |
| 高度 | 2.88米 |
| 重量 | 17.7吨 |
| 最大速度 | 70千米/小时 |
| 最大行程 | 500千米 |

  **SK-105轻型坦克**的车体为焊接钢板结构，驾驶舱在前、战斗舱居中、动力舱在后。驾驶员位于车前左侧，其右侧存放20发弹药、4个蓄电池和其他设备。车体中间安装JT-1型双人摇摆炮塔，系由法国AMX-13轻型坦克上的FL-12型炮塔改进而成。炮塔用钢板焊接，有较好的防护力，其上装1门105毫米CN-105-57坦克炮。

  SK-105轻型坦克的主炮可以发射尾翼稳定的榴弹、破甲弹和烟幕弹等定装药弹。炮塔后部设有两个鼓形弹仓，每个装6发炮弹。弹药自动装填，有开关选择弹种。火炮射击后，空弹壳从炮塔左侧后窗口抛出，窗盖由火炮的反后坐装置带动。当炮塔旋转和俯仰时，都能进行这些动作，因而射速可保持在6~8发/分。SK-105轻型坦克的辅助武器为1挺7.62毫米同轴机枪，炮塔每侧有3个烟幕弹发射器。

# ASCOD 装甲车

| 英语名称: | |
|---|---|
| ASCOD Armored Fighting Vehicle | |
| 研制国家: | 奥地利、西班牙 |
| 制造厂商: | 斯泰尔公司、圣·芭芭拉公司 |
| 重要型号: | Pizarro、Ulan |
| 生产数量: | 460辆以上 |
| 生产时间: | 1998年至今 |
| 主要用户: | 奥地利陆军、西班牙陆军 |

Tanks And Armoured Vehicles

| 基本参数 | |
|---|---|
| 长度 | 6.83米 |
| 宽度 | 3.64米 |
| 高度 | 2.43米 |
| 重量 | 28吨 |
| 最大速度 | 72千米/小时 |
| 最大行程 | 500千米 |

　　**ASCOD装甲车**是奥地利和西班牙联合研发的装甲战斗车辆，西班牙于1996年最先订购144辆生产车型并命名为"皮萨罗"，奥地利于2002年接收第一批生产车型并命名为"乌兰"。该车的标准设备包括三防系统、加热器、镶嵌式装甲和计算机化昼/夜火控系统等。

　　ASCOD装甲车的车体侧面竖直，前上装甲倾斜明显，车顶水平。车后竖直，后门两侧各有一个较大的储物箱。驾驶员位于车体左前，右侧为动力装置，炮塔位于车体中央偏右。车体两侧各有7个负重轮，主动轮前置，诱导轮后置，有托带轮。悬挂装置上部有波浪状裙板。步兵通过车后一个较大的车门进出。双人电动炮塔装有带稳定器的"毛瑟"30毫米Mk 30-2加农炮，炮左侧有1挺7.62毫米同轴机枪。炮塔可旋转360度，武器俯仰范围为-10度～+50度。

# "平茨高尔"高机动性全地形车

**英语名称**：Pinzgauer High-mobility All-terrain Vehicle
**研制国家**：奥地利、英国
**制造厂商**：斯泰尔公司
**重要型号**：710 4×4、712 6×6
**生产数量**：3000辆
**生产时间**：1971年至今
**主要用户**：奥地利陆军、英国陆军、新西兰陆军

| 基本参数 | |
|---|---|
| 长度 | 4.18米 |
| 宽度 | 1.76米 |
| 高度 | 2米 |
| 重量 | 2.1吨 |
| 最大速度 | 110千米/小时 |
| 最大行程 | 400千米 |

"平茨高尔"高机动性全地形车原由奥地利斯泰尔公司研制，20世纪70年代初开始批量生产，2000年起由英国BAE系统公司在英国进行生产。"平茨高尔"高机动性全地形车的底盘结构较为独特，使其在越野能力上堪称一流。

"平茨高尔"高机动性全地形车有4×4和6×6两种版本，外形上棱角分明，除了中央管状车架保护传动装置外，车头前端也有钢制护板。发动机安装在车厢内，动力由Z式驱动系统从管外走进管内，除了方便维修外，还可以最大限度增加车底净高，增强通行性。车桥与车轮间采用低一级齿轮设计，使离地间隙高达335毫米。该车采用中央脊梁独立悬挂全动驱动，以保证最高级别的悬挂驱动能力。这种结构的可靠性强，但成本较高，而且对机械加工的工艺要求极高。

# TAM 主战坦克

| | |
|---|---|
| 英语名称： | TAM Main Battle Tank |
| 研制国家： | 阿根廷、德国 |
| 制造厂商： | 蒂森·亨舍尔公司 |
| 重要型号： | TAM、TAM VCTP、TAM VCLC |
| 生产数量： | 280辆 |
| 生产时间： | 1979～1995年 |
| 主要用户： | 阿根廷陆军 |

| 基本参数 | |
|---|---|
| 长度 | 8.23米 |
| 宽度 | 3.25米 |
| 高度 | 2.42米 |
| 重量 | 30.5吨 |
| 最大速度 | 75千米/小时 |
| 最大行程 | 590千米 |

**TAM主战坦克**是德国蒂森·亨舍尔公司（今莱茵金属公司）受阿根廷政府委托，为阿根廷陆军研制的主战坦克，用以替换阿根廷陆军原来装备的美制"谢尔曼"坦克。TAM主战坦克的车体与"黄鼠狼"步兵战车相似，前上装甲明显倾斜。驾驶员在车体前部左侧。车顶水平，炮塔偏车体后部。炮塔侧面为斜面，微向内上方倾斜。炮塔尾舱向后延伸几乎与车尾齐平。

TAM主战坦克安装了1门"豹"1主战坦克使用的105毫米L7A3火炮，火炮身管上装有热护套和抽烟装置，火炮仰角为+18度，俯角为-7度。105毫米线膛炮可以发射北约所有105毫米标准弹，包括脱壳穿甲弹、破甲弹和杀伤榴弹。弹药基数为50发，其中20发存放在炮塔内。辅助武器方面，TAM主战坦克配备了2挺7.62毫米机枪。

# TR-85 主战坦克

| | |
|---|---|
| 英语名称： | TR-85 Main Battle Tank |
| 研制国家： | 罗马尼亚 |
| 制造厂商： | 布加勒斯特机械工厂 |
| 重要型号： | TR-85、TR-85M1 |
| 生产数量： | 300辆 |
| 生产时间： | 1986~2009年 |
| 主要用户： | 罗马尼亚陆军 |

| 基本参数 ||
|---|---|
| 长度 | 9.96米 |
| 宽度 | 3.44米 |
| 高度 | 3.1米 |
| 重量 | 50吨 |
| 最大速度 | 60千米/小时 |
| 最大行程 | 400千米 |

**TR-85主战坦克**是罗马尼亚在苏联T-54/55主战坦克的基础上换装新式炮塔及升级内部零件而成。主炮的口径仍为100毫米，炮塔侧面前部设有附加装甲，炮塔后部两侧则备有多个防空机枪用的弹箱。火炮加装了激光测距仪，并且改善了火控系统。此外，TR-85主战坦克还装备了热能及激光探测系统，当被敌方坦克激光瞄准时会向车内人员发出警告。

TR-85主战坦克的动力装置为德国生产的V8柴油发动机，最大功率为441千瓦。悬挂系统是重新设计的，两侧各有6个小负重轮，第一、二负重轮间间距较小。TR-85主战坦克的主炮发射尾翼稳定脱壳穿甲弹时，可在1000米距离外穿透450毫米轧制均质装甲。该坦克的辅助武器为1挺7.62毫米同轴机枪和1挺12.7毫米防空机枪。

## "大山猫"装甲车

| 英语名称： | Rooikat Armored Fighting Vehicle |
|---|---|
| 研制国家： | 南非 |
| 制造厂商： | BAE系统公司 |
| 重要型号： | Rooikat 76、Rooikat 105 |
| 生产数量： | 240辆以上 |
| 生产时间： | 1989年至今 |
| 主要用户： | 南非陆军 |

| 基本参数 | |
|---|---|
| 长度 | 7.1米 |
| 宽度 | 2.9米 |
| 高度 | 2.6米 |
| 重量 | 28吨 |
| 最大速度 | 120千米/小时 |
| 最大行程 | 1000千米 |

"大山猫"装甲车主要用于作战侦察，使用V-10涡轮增压柴油发动机，传动装置为自动变速箱，有6个前进挡和1个倒挡。驾驶员可以根据地形选择8×8全轮驱动或者8×4驱动方式。前四轮为转向轮，有转向助力装置。早期的"大山猫"装甲车拥有较为现代化的火控系统，炮长瞄准镜带有昼/夜通道，具备夜间作战能力。改进后配有数字式火控系统，拥有被动图像增强器和热成像设备。

　　早期的"大山猫"装甲车为了增加载弹量，增强可持续作战能力，配备1门76毫米GT4线膛炮，可发射尾翼稳定脱壳穿甲弹、破甲弹、榴弹、烟雾弹等，备弹48发。1994年，换装了105毫米GT7线膛炮，能够发射所有北约标准的105毫米炮弹，射速为每分钟6发。该车的辅助武器为2挺7.62毫米机枪，一挺与主炮并列，另一挺用于防空。

第 7 章 其他国家坦克与装甲车

▲"大山猫"装甲车侧前方视角

▼"大山猫"装甲车开火

# XA-188 装甲运兵车

| 英语名称： | XA-188 Armored Personnel Carrier |
|---|---|
| 研制国家： | 芬兰 |
| 制造厂商： | 帕特里亚公司 |
| 重要型号： | XA-188 |
| 生产数量： | 90辆 |
| 生产时间： | 1996～1998年 |
| 主要用户： | 荷兰陆军 |

| 基本参数 | |
|---|---|
| 长度 | 7.7米 |
| 宽度 | 2.8米 |
| 高度 | 2.3米 |
| 重量 | 27吨 |
| 最大速度 | 100千米/小时 |
| 最大行程 | 850千米 |

**XA-188装甲运兵车**是芬兰帕特里亚公司研发的模块化装甲车辆（Armored Modular Vehicle，简称AMV）的主要型号之一，根据芬兰防务部队的惯例，XA代表装甲运兵车，XC代表轮式步兵战车。

XA-188装甲运兵车是一种8×8轮式车辆，装有帕特里亚公司自行研制的PML-127 OWS炮塔，该炮塔为全开放式设计，没有防盾，1挺12.7毫米重机枪装在可升降的转塔上，炮手可遥控操纵，也可手动开火。PML-127 OWS炮塔为电/液综合驱动，可360度旋转，在-8度～+48度之间俯仰。炮手拥有1具德国蔡斯PERI-Z16A1瞄准具和1具NAE-200周视瞄准具。另外，被动红外热成像仪也被列入备选部件，可按照客户要求安装。

# M-84 主战坦克

| | |
|---|---|
| 英语名称： | M-84 Main Battle Tank |
| 研制国家： | 南斯拉夫 |
| 制造厂商： | 贝尔格莱德军事技术研究所 |
| 重要型号： | M-84A/AB/ABN/AS/D |
| 生产数量： | 650辆以上 |
| 生产时间： | 1985年至今 |
| 主要用户： | 南斯拉夫陆军、科威特陆军、克罗地亚陆军、塞尔维亚陆军、斯洛文尼亚陆军、波黑陆军 |

| 基本参数 | |
|---|---|
| 长度 | 9.53米 |
| 宽度 | 3.57米 |
| 高度 | 2.19米 |
| 重量 | 41.5吨 |
| 最大速度 | 68千米/小时 |
| 最大行程 | 700千米 |

**M-84主战坦克**实际上是南斯拉夫获准生产的苏联T-72主战坦克，并装备了一系列自行制造的子系统（如火控系统）。该坦克的车体前上装甲倾斜明显，驾驶员位于车体中上部，车前有V形防浪板，炮塔位于车体中部，动力和传动装置后置，发动机排气口位于车体左侧最后一个负重轮上方。

M-84主战坦克采用半球形炮塔，凸起的舱盖右侧装有1挺12.7毫米机枪，储物箱位于车体后部右侧，125毫米火炮装有热护套和抽气装置，火炮右侧装有红外线探照灯。必要时，车尾可携带自救木和附加燃料桶。炮塔顶前部装有火控系统使用的柱式传感器，车体两侧各有6个负重轮，主动轮后置，诱导轮前置，有3个托带轮。悬挂装置上部通常装有橡胶裙板。

# M-95 主战坦克

| | |
|---|---|
| 英语名称： | M-95 Main Battle Tank |
| 研制国家： | 克罗地亚 |
| 制造厂商： | 杜洛·达克维奇特殊车辆制造厂 |
| 重要型号： | M-95 |
| 生产数量： | 2辆（原型车） |
| 生产时间： | 尚未量产 |
| 主要用户： | 克罗地亚陆军 |

| 基本参数 ||
|---|---|
| 长度 | 10.1米 |
| 宽度 | 3.6米 |
| 高度 | 2.2米 |
| 重量 | 44.5吨 |
| 最大速度 | 70千米/小时 |
| 最大行程 | 700千米 |

**M-95主战坦克**是南斯拉夫M-84主战坦克的后续型号，而M-84主战坦克又是苏联T-72主战坦克的改进型。与M-84主战坦克和T-72主战坦克相比，M-95主战坦克安装了不少克罗地亚的国产装备，新型全焊接钢装甲炮塔更易于制造。此外，坦克的炮塔外还披挂了一种新型爆炸反应装甲，覆盖了从底盘前弧部到坦克前端的部分以及侧裙板，为坦克提供了极高的战场生存能力。

M-95主战坦克的主要武器为1门125毫米2A46滑膛炮，其车体前上装甲倾斜明显，驾驶员位于车体前部中央，动力和传输装置后置，发动机排气口位于车体左侧左后一个负重轮上方。炮长瞄准镜在炮塔顶左部，车长指挥塔外部右侧装有1挺12.7毫米机枪。炮塔两侧各有6具烟幕弹发射器，左侧装有方向向后的通气管。

# 97式中型坦克

| 英语名称： | Type 97 Medium Tank |
|---|---|
| 研制国家： | 日本 |
| 制造厂商： | 三菱重工 |
| 重要型号： | Type 97 |
| 生产数量： | 1162辆 |
| 生产时间： | 1938～1943年 |
| 主要用户： | 日本陆军 |

| 基本参数 | |
|---|---|
| 长度 | 5.52米 |
| 宽度 | 2.33米 |
| 高度 | 2.23米 |
| 重量 | 15.3吨 |
| 最大速度 | 38千米/小时 |
| 最大行程 | 210千米 |

　　**97式中型坦克**的车长和炮手位于炮塔内，驾驶员位于车体前部的右侧，机枪手在驾驶员的左侧，炮塔位于车体纵向中心偏右的位置。车体和炮塔均为钢质装甲，采用铆接结构，最大厚度25毫米。该坦克采用一台功率为125千瓦的柴油发动机，位于车体后部。主动轮在前，动力需通过很长的传动轴才能传到车体前部的变速箱和变速器。车体每侧有6个中等直径的负重轮，第一和第六负重轮为独立的螺旋弹簧悬挂，第二至第五负重轮以两个为一组，为平衡悬挂。

　　97式中型坦克的主要武器为1门97式57毫米短身管火炮，可发射榴弹和穿甲弹，携弹量120发（榴弹80发、穿甲弹40发），其穿甲弹可以在1200米距离上击穿50毫米厚的钢质装甲。辅助武器为2挺97式7.7毫米重机枪，一挺为前置机枪，另一挺装在炮塔后部偏右的位置。

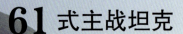

# 61式主战坦克

| 英语名称： | Type 61 Main Battle Tank |
|---|---|
| 研制国家： | 日本 |
| 制造厂商： | 三菱重工 |
| 重要型号： | Type 61、Type 67 AVLB |
| 生产数量： | 560辆 |
| 生产时间： | 1961~1975年 |
| 主要用户： | 日本陆上自卫队 |

| 基本参数 | |
|---|---|
| 长度 | 8.19米 |
| 宽度 | 2.95米 |
| 高度 | 2.49米 |
| 重量 | 35吨 |
| 最大速度 | 45千米/小时 |
| 最大行程 | 200千米 |

**61式主战坦克**的车体由防弹钢板焊接而成，驾驶员位于车体右前部。炮塔采用整体铸造结构，呈对称椭圆形，但右侧的突出稍大，侧面的轮廓也稍有不同，后半部向后突出。炮塔尾舱里存放炮弹，炮塔内有通风装置、无线电台，还装有各种小型工具箱。车长炮长坐在炮塔内右侧，炮长位于车长前面，车长的鼓形指挥塔可360度旋转。

61式主战坦克的主要武器是1门90毫米加农炮，炮管长为口径的52倍，炮管前部装有抽气装置，最前端装有T字形炮口制退器。火炮最大射速为15发/分，可发射榴弹、黄磷烟幕弹、被帽穿甲弹等，弹药基数为50发。该坦克的辅助武器为1挺7.62毫米同轴机枪和1挺12.7毫米高平两用机枪，同轴机枪可利用主炮的瞄准具来瞄准，高平两用机枪固定安装在炮塔右上方指挥塔顶部机枪架上，由炮塔内遥控操纵。

# 74式主战坦克

| | |
|---|---|
| 英语名称: | Type 74 Main Battle Tank |
| 研制国家: | 日本 |
| 制造厂商: | 三菱重工 |
| 重要型号: | Type 74、Type 74B/C/D/E/F |
| 生产数量: | 893辆 |
| 生产时间: | 1975～1988年 |
| 主要用户: | 日本陆上自卫队 |

| 基本参数 | |
|---|---|
| 长度 | 9.41米 |
| 宽度 | 3.18米 |
| 高度 | 2.25米 |
| 重量 | 38吨 |
| 最大速度 | 53千米/小时 |
| 最大行程 | 300千米 |

**74式主战坦克**采用钢板焊接的车身以及铸造式龟壳形炮塔，车身装甲厚度在50～130毫米之间，炮塔则在75～130毫米之间。74式主战坦克的构型低矮紧凑，宽度较窄，被弹面积极低，炮塔避弹构型颇佳。该坦克的底盘下半部采用整体铸造，具有提高强度、防护性、减低重量等优点，但在生产时的技术要求较高，且需要大型设备，导致成本较高。

74式主战坦克配备当时西方坦克广泛采用的英制105毫米L-7A3线膛炮的改良型，使用北约标准炮弹，具备新的驻退复进机，有炮膛排烟器但没有炮口制退器，炮身实际寿命约150发。由于炮塔极为低矮，74式主战坦克的主炮俯仰范围相当有限，只有-6度～+9度。该坦克的辅助武器为1挺安装在车顶的12.7毫米防空机枪以及1挺7.62毫米同轴机枪，炮塔两侧各有1具三联装73式烟幕弹发射器。

# 90式主战坦克

| 英语名称： | Type 90 Main Battle Tank |
|---|---|
| 研制国家： | 日本 |
| 制造厂商： | 三菱重工 |
| 重要型号： | Type 90 |
| 生产数量： | 341辆 |
| 生产时间： | 1990~2009年 |
| 主要用户： | 日本陆上自卫队 |

| 基本参数 ||
|---|---|
| 长度 | 9.76米 |
| 宽度 | 3.33米 |
| 高度 | 2.33米 |
| 重量 | 50.2吨 |
| 最大速度 | 70千米/小时 |
| 最大行程 | 350千米 |

　　**90式主战坦克**的车体和炮塔均用轧制钢板焊接而成。驾驶舱在车体左前方，车体中部是战斗舱，其上是炮塔。车体后部为动力-传动舱。炮塔内有2名乘员，车长位于火炮右侧，炮长位于左侧。90式主战坦克的轮廓和框架与德国"豹"2主战坦克相似，车体和炮塔的形状扁平、方正，但车体比"豹"2主战坦克更小、更轻，负重轮也更少。

　　90式主战坦克的主炮为德国莱茵金属公司授权生产的120毫米滑膛炮，射速为10~11发/分。该坦克配有日本自制的自动装弹机，省去了装填手。90式主战坦克使用的弹药主要为尾翼稳定脱壳穿甲弹和多用途破甲弹两种，其中尾翼稳定脱壳穿甲弹的初速达到1650米/秒，破甲弹为1200米/秒，备弹40发。90式主战坦克的辅助武器为1挺74式7.62毫米同轴机枪和1挺12.7毫米M2HB防空机枪。

第 7 章 其他国家坦克与装甲车

▲90式主战坦克侧面视角

▼训练场上的90式主战坦克

# 10式主战坦克

| | |
|---|---|
| 英语名称： | Type 10 Main Battle Tank |
| 研制国家： | 日本 |
| 制造厂商： | 三菱重工 |
| 重要型号： | Type 10 |
| 生产数量： | 140辆以上 |
| 生产时间： | 2010年至今 |
| 主要用户： | 日本陆上自卫队 |

| 基本参数 | |
|---|---|
| 长度 | 9.42米 |
| 宽度 | 3.24米 |
| 高度 | 2.3米 |
| 重量 | 44吨 |
| 最大速度 | 70千米/小时 |
| 最大行程 | 500千米 |

**10式主战坦克**的战斗全重为44吨，增加装甲最大限度为48吨。炮塔两边的模块式装甲用螺栓固定，安装和拆卸都很容易。该坦克采用8汽缸四行程水冷式柴油发动机，功率为883千瓦。从74式主战坦克开始，日本坦克就使用液压悬挂系统，10式坦克也不例外，这样可以更适合日本多山的地理环境，提高机动能力。

10式主战坦克配备1门120毫米滑膛炮，基本设计与90式主战坦克的120毫米滑膛炮相同，但提高了膛压，炮塔尾舱内设有水平式自动装弹机。除了传统的尾翼稳定脱壳穿甲弹、高爆穿甲弹、高爆榴弹，主炮还能使用一种程序化引信炮弹，其电子引信能在穿透三层墙壁之后才引爆弹头。10式主战坦克的辅助武器为1挺7.62毫米74式机枪（备弹12000发）以及1挺12.7毫米M2HB机枪（备弹3200发）。

第 7 章 其他国家坦克与装甲车

▲10式主战坦克侧后方视角

▼10式主战坦克侧面视角

# 60式装甲运兵车

| 英语名称： |
|---|
| Type 60 Armored Personnel Carrier |
| 研制国家：日本 |
| 制造厂商：小松制作所 |
| 重要型号：Type 60 |
| 生产数量：428辆 |
| 生产时间：1960～1972年 |
| 主要用户：日本陆上自卫队 |

Tanks And Armoured Vehicles
★★★

| 基本参数 | |
|---|---|
| 长度 | 4.85米 |
| 宽度 | 2.4米 |
| 高度 | 2.31米 |
| 重量 | 11.8吨 |
| 最大速度 | 45千米/小时 |
| 最大行程 | 230千米 |

  **60式装甲运兵车**是日本在二战后仿照美国M59履带式装甲人员输送车设计制造的第一代履带式装甲车，解决了以往许多美制装备不符合日本人体型的问题。车身装甲是均质装甲焊接而成，具备一定的防护能力。不过，60式装甲运兵车缺乏浮渡能力，也没有核生化防护能力。60式装甲运兵车有4名车组成员，后方座舱可以搭载6名乘员，左右两侧各坐3人。车身设有若干射孔，可供乘员持枪射击。

  60式装甲运兵车的主要武器是1挺12.7毫米M2重机枪，安装在车身顶部。此外，车体前面还有1挺7.62毫米M1919重机枪。该车的动力装置为三菱8HA21WT型8汽缸气冷式柴油发动机，最大功率为162千瓦。

# 73式装甲运兵车

| 英语名称： |
|---|
| Type 73 Armored Personnel Carrier |
| 研制国家：日本 |
| 制造厂商：三菱重工 |
| 重要型号：Type 73 |
| 生产数量：338辆 |
| 生产时间：1973～1980年 |
| 主要用户：日本陆上自卫队 |

| 基本参数 | |
|---|---|
| 长度 | 5.8米 |
| 宽度 | 2.8米 |
| 高度 | 2.2米 |
| 重量 | 13.3吨 |
| 最大速度 | 70千米/小时 |
| 最大行程 | 300千米 |

**73式装甲运兵车**的车身低矮，前上倾斜45度，车顶水平，车后竖直，有两个车门，车体侧面竖直。车体前上有浮渡围帐，7.62毫米机枪位于前上左侧，12.7毫米机枪位于车顶右侧凸起的炮塔之上，2具三联装烟幕弹发射器位于车后两扇门的上方。车体两侧各有5个负重轮，主动轮前置，诱导轮后置，没有托带轮和裙板。载员舱位于车体后部，每侧有2个T形射孔。8名步兵分两侧坐于车内，并可由车内向外射击。

73式装甲运兵车注重车体轻量化，所以全面采用铝合金装甲，这导致73式装甲运兵车浮渡前的准备过程极其繁杂。该车水上行驶时必须使用装在负重轮外侧的浮渡装置，履带上方的裙板可以改善水流方向。车前防浪板由两块板组成，右侧板透明，以便竖起时便于驾驶员向前观察。车辆水上行驶时，靠履带板划水推进。

▲ 73式装甲运兵车侧后方视角

▼ 73式装甲运兵车侧前方视角

# 89式步兵战车

| | |
|---|---|
| 英语名称： | Type 89 Infantry Fighting Vehicle |
| 研制国家： | 日本 |
| 制造厂商： | 三菱重工 |
| 重要型号： | Type 89 |
| 生产数量： | 120辆 |
| 生产时间： | 1989年至今 |
| 主要用户： | 日本陆上自卫队 |

| 基本参数 | |
|---|---|
| 长度 | 6.7米 |
| 宽度 | 3.2米 |
| 高度 | 2.5米 |
| 重量 | 27吨 |
| 最大速度 | 70千米/小时 |
| 最大行程 | 400千米 |

**89式步兵战车**的车体结构采用均质钢装甲，防护力较过去以铝合金打造的装甲车辆更强。为协同90式主战坦克作战，89式步兵战车具有时速70千米以上的机动力，不过由于主要用作国内防御，因此不具备浮渡能力。车体因为需要容纳士兵，不可避免地要比当时服役的主力坦克更高，也就更容易被发现。

89式步兵战车的主要武器是瑞士厄利空公司生产的35毫米KDE机关炮，其射速为200发/分，身管长为90倍口径，不仅可以对地面目标射击，还可对空射击，但是由于没有配备有效的瞄准装置，仅限于自卫作战。KDE机关炮可以发射燃烧榴弹、曳光弹、穿甲榴弹和脱壳弹，其中使用脱壳穿甲弹时在400米距离上的穿甲厚度为70毫米。机关炮的左侧安装了1挺74式7.62毫米同轴机枪，最大射速为1000发/分。

▲ 89式步兵战车侧后方视角

▼ 89式步兵战车开火瞬间

# 96式装甲运兵车

| 英语名称: | Type 96 Armored Personnel Carrier |
|---|---|
| 研制国家: | 日本 |
| 制造厂商: | 小松制作所 |
| 重要型号: | Type 96 |
| 生产数量: | 370辆以上 |
| 生产时间: | 1996年至今 |
| 主要用户: | 日本陆上自卫队 |

| 基本参数 | |
|---|---|
| 长度 | 6.84米 |
| 宽度 | 2.48米 |
| 高度 | 1.85米 |
| 重量 | 14.6吨 |
| 最大速度 | 100千米/小时 |
| 最大行程 | 500千米 |

**96式装甲运兵车**的车体为全焊接钢装甲结构，车体的前方右侧为驾驶员席，驾驶员席的上方安装有弹出式舱门，舱门上安装了3具潜望镜。驾驶员席左侧为发动机室，装有水冷式柴油发动机。驾驶员席后方设置了车长席，并设有车长指挥塔。车长指挥塔上可安装1挺M2型12.7毫米重机枪或1具96式40毫米榴弹发射器。车体后部为载员室，有8个座位，可以搭乘8名步兵，4名为一排，面对面而坐。座椅是每2个座位为一组。由于车内空间宽敞，最多时可以搭乘10名步兵。

96式装甲运兵车采用径向式小型轮胎，优点是能够紧密地接触松软的地面，在低速越野行驶时，通过中央轮胎压力调节系统，可以调低轮胎的压力，以此增大轮胎的接地面积，减小车辆的单位压力，提高车辆的通过能力。

▲96式装甲运兵车侧前方视角

▼96式装甲运兵车侧面视角

# 轻装甲机动车

| | |
|---|---|
| 英语名称： | Light Armored Vehicle |
| 研制国家： | 日本 |
| 制造厂商： | 小松制作所 |
| 重要型号： | KU50W |
| 生产数量： | 1800辆以上 |
| 生产时间： | 2001年至今 |
| 主要用户： | 日本陆上自卫队 |

| 基本参数 | |
|---|---|
| 长度 | 4.4米 |
| 宽度 | 2.04米 |
| 高度 | 1.85米 |
| 重量 | 4.5吨 |
| 最大速度 | 100千米/小时 |
| 最大行程 | 500千米 |

**轻装甲机动车**是日本陆上自卫队配备的轻装甲车辆，由日本防卫厅技术研究本部和小松制作所联合开发，2002年开始服役，曾被派遣到伊拉克。该车的外形与法国VBL装甲车相似，可抵御小口径武器子弹的攻击。轻装甲机动车的动力装置为一台4汽缸汽油发动机，最大功率为118千瓦。

轻装甲机动车没有固定武器，但是装有全360度回旋的枪架和枪盾，可以直接搭载FN Minimi轻机枪或89式突击步枪等武器，稍加改造后还可搭载M2重机枪或01式轻型反坦克导弹。此外，有些车还装有2具四联装烟雾弹发射器。轻装甲机动车的车体全面使用增强避弹能力的特殊形状，派遣到伊拉克时还外加了钢板，天窗周围还有一圈钢板，可以降低队员在道路上遭到埋伏时的中弹概率。

# 高机动车

| 英语名称： | High Maneuver Vehicle |
|---|---|
| 研制国家： | 日本 |
| 制造厂商： | 丰田汽车公司 |
| 重要型号： | HMV |
| 生产数量： | 3000辆以上 |
| 生产时间： | 1993年至今 |
| 主要用户： | 日本陆上自卫队 |

Tanks And Armoured Vehicles ★★☆

| 基本参数 ||
|---|---|
| 长度 | 4.91米 |
| 宽度 | 2.15米 |
| 高度 | 2.24米 |
| 重量 | 2.9吨 |
| 最大速度 | 125千米/小时 |
| 最大行程 | 443千米 |

　　**高机动车**参照了美国"悍马"装甲车的设计理念，其车身外形与"悍马"装甲车较为相似。该车可搭载10名步兵，又被称为"疾风"或"日本悍马"。高机动车采用了多层次玻璃纤维真空成型车身，内部有一层防弹贴装可防小型武器和弹片，实际使用时也可外挂装甲。该车采用四门设计，除了主副驾驶室的车门外，还有尾部对开的尾门。高机动车把底盘零部件裸露，而且在尾部提供了上车踏板。这种设计的好处在于提高了部队的机动性与车辆的维修便捷性。

　　高机动车使用一台丰田15B-FTE发动机，排量为4.1升，带废气涡轮增压器和中冷器。刹车系统采用了位于驱动轴上的四轮通风碟刹，不但保证了刹车性能，也有利于在恶劣地形下对刹车系统的保护。高机动车配备普利司通大尺寸全地形漏气保用轮胎，抓地力强，可轻松跨过沟渠。

第 7 章 其他国家坦克与装甲车

# 机动战斗车

| 英语名称： | Maneuver Combat Vehicle |
|---|---|
| 研制国家： | 日本 |
| 制造厂商： | 三菱重工 |
| 重要型号： | MCV |
| 生产数量： | 300辆以上 |
| 生产时间： | 2015年至今 |
| 主要用户： | 日本陆上自卫队 |

| 基本参数 | |
|---|---|
| 长度 | 8.45米 |
| 宽度 | 2.98米 |
| 高度 | 2.87米 |
| 重量 | 26吨 |
| 最大速度 | 100千米/小时 |
| 最大行程 | 400千米 |

**机动战斗车**采用8×8轮型装甲底盘，底盘高度降低，以增加射击稳定性。动力装置为一台水冷式4汽缸柴油发动机，最大功率为419千瓦。该车能由日本新开发的C-2运输机进行战斗部署，车上编制4名人员，分别是驾驶、车长、炮手与装填手。机动战斗车的正面应至少能抵抗20毫米穿甲弹射击，全车可抵抗各种角度射来的12.7毫米机枪弹。

机动战斗车的主要武器为1门105毫米火炮，可发射105毫米多用途反装甲弹药以及74式主战坦克的105毫米炮弹。相较于74式主战坦克的105毫米火炮，机动战斗车的105毫米火炮通过增设多孔炮口制退器等手段降低后坐力，维持射击时的车体稳定性，膛压不变，因此能直接使用原本74式坦克的炮弹，不需要减低装药。机动战斗车的辅助武器为1挺12.7毫米车长机枪与1挺7.62毫米同轴机枪。

# 16式机动战斗车

| 英语名称： |
|---|
| Type 16 Mobile Combat Vehicle |
| 研制国家：日本 |
| 制造厂商：三菱重工 |
| 重要型号：Type 16 MCV |
| 生产数量：250辆以上 |
| 生产时间：2016年至今 |
| 主要用户：日本陆上自卫队 |

| 基本参数 ||
|---|---|
| 长度 | 8.45米 |
| 宽度 | 2.98米 |
| 高度 | 2.87米 |
| 重量 | 26吨 |
| 最大速度 | 100千米/小时 |
| 最大行程 | 400千米 |

**16式机动战斗车**配备1门105毫米坦克炮，与美国"斯特赖克"车族的机动火炮类似，主要用于装备快速反应部队，执行远程机动作战任务。它为步兵提供直射火力支援，并具备反装甲能力。辅助武器包括1挺12.7毫米勃朗宁M2重机枪和1挺74式7.62毫米机枪。16式机动战斗车的车体正面可抵挡20毫米机炮，侧面可抵挡12.7毫米重机枪直接射击。

16式机动战斗车是轮式车辆，与履带式车辆相比，虽然能在铺装路面上快速部署，但是越野性能先天上无法和履带式车辆相比，也就是离开道路之后，16式机动战斗车的作战效率就远不如履带式车辆。为此，日本防卫省技术研究本部为16式机动战斗车研发了道路外行驶时车体摇晃抑止技术，有效改善了越野性能，提高战斗效率。

# 75式自行火箭炮

| 英语名称： | Type 75 Self-propelled Rocket Launcher |
|---|---|
| 研制国家： | 日本 |
| 制造厂商： | 小松制作所 |
| 重要型号： | Type 75 |
| 生产数量： | 66辆 |
| 生产时间： | 1975～1985年 |
| 主要用户： | 日本陆上自卫队 |

### 基本参数

| | |
|---|---|
| 长度 | 5.78米 |
| 宽度 | 2.8米 |
| 高度 | 2.67米 |
| 重量 | 16.5吨 |
| 最大速度 | 53千米/小时 |
| 最大行程 | 300千米 |

**75式自行火箭炮**主要由运载发射车、发射装置、地面测风装置和瞄准装置等组成。发射装置为长方形箱体，分三层，每层有10根定向管。运载发射车车体为铝合金全焊接结构，前部是乘员室，驾驶员在左边，车长在右边，操作手在车长的后面。驾驶员前面装有3具潜望镜，其中夜视线外潜望镜能360度回转。动力室在车体左侧，内装4ZF型2冲程V4风冷柴油机，采用扭杆悬挂装置。

75式自行火箭炮装有陀螺罗盘式导航仪，不需预先调整射向，因此射击准备迅速。火箭炮由电控发射，紧急时也可手动控制发射。该火箭炮发射尾翼稳定火箭弹，连射时的间隔时间为0.3秒。75式自行火箭炮火力较猛，相当于9门105毫米榴弹炮以最大射速发射时的火力。另外还配有1挺12.7毫米机枪，携弹600发弹药。

# 99式自行火炮

| 英语名称：Type 99 Self-propelled Artillery |
|---|
| 研制国家：日本 |
| 制造厂商：三菱重工 |
| 重要型号：Type 99 |
| 生产数量：117辆 |
| 生产时间：1999~2022年 |
| 主要用户：日本陆上自卫队 |

| 基本参数 | |
|---|---|
| 长度 | 11.3米 |
| 宽度 | 3.2米 |
| 高度 | 4.3米 |
| 重量 | 40吨 |
| 最大速度 | 50千米/小时 |
| 最大行程 | 300千米 |

**99式自行火炮**的车体前部左侧为动力舱，右侧为驾驶室，车体的中后部为战斗室。炮塔为铝合金装甲全焊接结构，炮塔内左前部为车长，后面是装填手，右前部为炮长，炮塔后部为炮尾部及自动装弹机机构。99式自行火炮的动力装置为直列6缸水冷柴油机，最大功率为441千瓦。行动装置上，每侧有7个负重轮、3个托带轮，主动轮在前，诱导轮在后。

99式自行火炮的火炮为52倍口径的长身管155毫米榴弹炮，带自动装弹机，可以发射北约标准的155毫米弹药。火炮发射普通榴弹的最大射程为30千米，发射底部排气弹的最大射程达40千米。99式自行火炮的火控系统高度自动化，具有自动诊断和自动复原功能。尽管车上没有安装全球定位系统，但装有惯性导航装置，可以自动标定自身位置，并且可以和新型野战指挥系统共享信息。

第 7 章 其他国家坦克与装甲车

▲99式自行火炮开火瞬间

▼99式自行火炮侧面视角

# 19式自行榴弹炮

| 英语名称： |
|---|
| Type 19 Self-propelled Howitzer |
| 研制国家：日本 |
| 制造厂商：三菱重工 |
| 重要型号：Type 19 |
| 生产数量：50辆以上 |
| 生产时间：2019年至今 |
| 主要用户：日本陆上自卫队 |

| 基本参数 | |
|---|---|
| 长度 | 11.4米 |
| 宽度 | 2.5米 |
| 高度 | 3.4米 |
| 重量 | 25吨 |
| 最大速度 | 100千米/小时 |
| 最大行程 | 500千米 |

**19式自行榴弹炮**是日本研制的155毫米轮式自行榴弹炮，其射程和射速与法国"凯撒"自行榴弹炮基本一致，能够发射北约标准的155毫米炮弹，包括L15型榴弹、北约标准M107系列炮弹、烟幕弹、照明弹、火箭增程弹以及99式长程榴弹等。发射普通榴弹时，最大射程为30千米；发射底部排气弹时，最大射程可达40千米。

19式自行榴弹炮采用卡车底盘集成榴弹炮的设计，这种设计自法国"凯撒"自行榴弹炮问世后逐渐流行。其布局遵循传统，车体前部为乘员舱，车厢尾部安装1门155毫米榴弹炮，并配备半自动装弹机，位于火炮右侧。车体后部装备一部大型液压助力铲，射击时放下铲板以抵消后坐力，并使后部轮胎升起，从而提供稳定的射击平台。

# K1 主战坦克

| 英语名称：K1 Main Battle Tank |
|---|
| 研制国家：韩国 |
| 制造厂商：现代汽车公司 |
| 重要型号：K1、K1A1、K1A2、K1E1 |
| 生产数量：1500辆以上 |
| 生产时间：1985年至今 |
| 主要用户：韩国陆军 |

Tanks And Armoured Vehicles

| 基本参数 | |
|---|---|
| 长度 | 9.67米 |
| 宽度 | 3.6米 |
| 高度 | 2.25米 |
| 重量 | 51.1吨 |
| 最大速度 | 65千米/小时 |
| 最大行程 | 500千米 |

**K1主战坦克**采用常规布局,驾驶舱在前,战斗舱居中,发动机和传动装置位于后部。驾驶员位于车体内左侧,有一扇舱盖可向上开启。舱盖上面有3具昼用潜望镜,中间1具可用被动式夜间驾驶潜望镜替换。车长配有1具法国制造的独立式双向稳定周视瞄准镜和1具周视潜望镜。该坦克采用复合装甲,具备一定的动能弹和化学能弹防护能力。其外形尺寸也尽量紧凑,以降低中弹率。K1主战坦克使用德国MTU公司的柴油发动机,输出功率为883千瓦。

K1主战坦克使用105毫米主炮,外形酷似美国M1主战坦克。但2001年问世的改进型K1A1则使用了德国莱茵金属公司的120毫米滑膛炮,且升级了火控系统。该坦克的辅助武器为2挺7.62毫米同轴机枪和1挺12.7毫米防空机枪,并在炮塔前部两侧各装有1组六联装烟幕弹发射器。

# K2 主战坦克

| 英语名称：K2 Main Battle Tank |
|---|
| 研制国家：韩国 |
| 制造厂商：现代汽车公司 |
| 重要型号：K2、K2 PIP |
| 生产数量：440辆以上 |
| 生产时间：2013年至今 |
| 主要用户：韩国陆军 |

| 基本参数 | |
|---|---|
| 长度 | 10米 |
| 宽度 | 3.1米 |
| 高度 | 2.2米 |
| 重量 | 55吨 |
| 最大速度 | 70千米/小时 |
| 最大行程 | 450千米 |

**K2主战坦克**具备一系列新型电子防御功能，其装备的激光探测器可以即时告知乘员敌方激光束来自何方，并给予干扰屏蔽，先进的火控系统可以控制主炮准确攻击4000米距离以内的装甲目标，也可控制主炮击落低空飞行的敌机。此外，K2主战坦克还在K1主战坦克的基础上对机械以及电子系统进行了大量改进，并使用了耐蚀耐热的合金装甲。

K2主战坦克配备1门从德国引进的120毫米滑膛炮，具有自动装填功能，每分钟可发射多达15发炮弹。该炮可以在移动中发射，即使在地势崎岖的地方也不受影响。韩国同时从德国引进了一批DM53穿甲弹，使用DM53穿甲弹在2000米距离上可以轻易穿透780毫米厚度北约标准钢板。由于德国对DM53穿甲弹输出韩国有数量限制，韩国还自行研发了一种穿甲弹，可在2000米距离击穿600毫米厚度北约标准钢板。

# KIFV 步兵战车

| 英语名称： | Korea Infantry Fighting Vehicle |
|---|---|
| 研制国家： | 韩国 |
| 制造厂商： | 大宇重工业公司 |
| 重要型号： | K200、K200A1 |
| 生产数量： | 2400辆以上 |
| 生产时间： | 1985年至今 |
| 主要用户： | 韩国陆军 |

| 基本参数 | |
|---|---|
| 长度 | 5.49米 |
| 宽度 | 2.85米 |
| 高度 | 2.52米 |
| 重量 | 12.9吨 |
| 最大速度 | 74千米/小时 |
| 最大行程 | 480千米 |

**KIFV步兵战车**的车体与美国AIFV步兵战车类似，但KIFV步兵战车采用德国曼公司的发动机、英国大卫·布朗工程公司的T-300全自动传动装置，车顶布局也有所不同。车体采用铝合金焊接结构，并有间隙式复合钢装甲，用螺栓固定在主装甲上。间隙内填充有泡沫塑料，既可以减轻车重，又能提高浮力储备。KIFV步兵战车的车体两侧各有5个负重轮，主动轮前置，诱导轮后置，没有托带轮。

KIFV步兵战车的车体前上装甲倾斜明显，装有防浪板，驾驶员位于车体左前部，前面有4个M27昼间潜望镜，中间的1个可换成被动式夜间驾驶仪。车长炮塔在驾驶员后，外部装有1挺7.62毫米M60机枪，炮长炮塔装有防盾，右侧有1挺12.7毫米M2HB机枪。载员舱位于车体后部，有一个顶舱盖，后部倾斜，载员舱两侧各有两个射孔和观察窗。

# K21 步兵战车

| 英语名称： | K21 Infantry Fighting Vehicle |
|---|---|
| 研制国家： | 韩国 |
| 制造厂商： | 韩华集团 |
| 重要型号： | K21、K21-105 |
| 生产数量： | 460辆以上 |
| 生产时间： | 2009年至今 |
| 主要用户： | 韩国陆军 |

| 基本参数 | |
|---|---|
| 长度 | 6.9米 |
| 宽度 | 3.4米 |
| 高度 | 2.6米 |
| 重量 | 25.6吨 |
| 最大速度 | 70千米/小时 |
| 最大行程 | 500千米 |

　　**K21步兵战车**主要用于步兵机动作战，具备强大的火力和良好的防护能力，以及两栖作战能力，既能支援下车战斗的士兵，也能搭载士兵在车内进行战斗。K21步兵战车的主要武器是1门40毫米机炮和2具反坦克导弹发射器，辅助武器为1挺12.7毫米K6重机枪和1挺7.62毫米同轴机枪。40毫米机炮的最大射速可达300发/分，可以发射尾翼稳定脱壳穿甲弹、高爆弹、烟雾弹等多种弹药。

　　不同于主流设计的厚重装甲步兵战车，K21步兵战车的底盘是由玻璃纤维制成，以减轻重量及增加灵活度。车身为全铝质焊接结构，前方装甲经过特别强化，可以抵挡中小口径火炮的攻击。K21步兵战车有3名车组成员，车内可搭载9名士兵。搭配战场管理系统，车中人员可以完全了解四周状态。

第 7 章 其他国家坦克与装甲车

# K9 自行火炮

| 英语名称: | K9 Self-propelled Artillery |
|---|---|
| 研制国家: | 韩国 |
| 制造厂商: | 三星泰科公司 |
| 重要型号: | K9、K10 |
| 生产数量: | 1500辆以上 |
| 生产时间: | 1999年至今 |
| 主要用户: | 韩国陆军、波兰陆军、印度陆军 |

| 基本参数 ||
|---|---|
| 长度 | 12米 |
| 宽度 | 3.4米 |
| 高度 | 2.73米 |
| 重量 | 47吨 |
| 最大速度 | 67千米/小时 |
| 最大行程 | 480千米 |

**K9自行火炮**的炮塔和车体为钢装甲全焊接结构，最大装甲厚度为19毫米，可防中口径轻武器火力和155毫米榴弹破片。乘员组为5人，即1名驾驶员和战斗乘员舱内的4名乘员（车长、炮长、炮长助手和装填手）。车长和炮长位于炮塔右侧。车长前上方装有1挺用于防空和自卫的12.7毫米M2机枪（备弹500发），配有向后开启的单扇舱口盖。

K9自行火炮的制式装备包括美国霍尼韦尔公司的模块式定向系统、自动火控系统、火炮俯仰驱动装置和炮塔回转系统。停车时，火炮可在30秒内开火，行军时可在60秒内开火。利用车载火控系统，该炮可实现3发弹同时弹着。车内还装有三防系统、取暖设备、内/外部通信系统和人工灭火系统等。K9自行火炮的最大射速为6～8发/分（3分钟内），爆发射速为3发/15秒，持续射速为2～3发/分（1小时内）。

▲ K9自行火炮侧前方视角

▼ K9自行火炮正面视角

# "胜利"主战坦克

| 英语名称：Vijayanta Main Battle Tank |
|---|
| 研制国家：英国、印度 |
| 制造厂商：维克斯公司 |
| 重要型号：Mk 1、Mk 1A、Mk 1B、Mk 1C |
| 生产数量：2200辆 |
| 生产时间：1965～1986年 |
| 主要用户：印度陆军 |

| 基本参数 ||
|---|---|
| 长度 | 9.79米 |
| 宽度 | 3.17米 |
| 高度 | 2.71米 |
| 重量 | 39吨 |
| 最大速度 | 50千米/小时 |
| 最大行程 | 530千米 |

"胜利"主战坦克是英国授权印度生产的维克斯主战坦克，最初的90辆"胜利"主战坦克由英国维克斯公司制造，后续的量产工作则转交由位于印度阿瓦迪的重型车辆工厂进行。该坦克的车体由轧制钢板焊接而成，分为3个舱，驾驶舱在前部，战斗舱在中部，动力舱在后部。车体每侧有6个负重轮、3个托带轮、1个前置诱导轮和1个后置主动轮，在第一、第二和第六负重轮位置处装有液压减振器。铸造履带板上有可更换的橡胶块。

"胜利"主战坦克的主要武器是1门105毫米L7A1火炮，可发射L52A1脱壳穿甲弹、L64尾翼稳定脱壳穿甲弹、L45A1脱壳教练弹、L37破甲弹和L39发烟弹。辅助武器方面，"胜利"主战坦克配有1挺12.7毫米防空机枪、1挺12.7毫米航向机枪和1挺7.62毫米同轴机枪。

# "阿琼" 主战坦克

| 英语名称：Arjun Main Battle Tank |
|---|
| 研制国家：印度 |
| 制造厂商：阿瓦迪重型车辆厂 |
| 重要型号：Mk 1、Mk 2 |
| 生产数量：240辆以上 |
| 生产时间：2004年至今 |
| 主要用户：印度陆军 |

| 基本参数 | |
|---|---|
| 长度 | 10.19米 |
| 宽度 | 3.85米 |
| 高度 | 2.32米 |
| 重量 | 58.5吨 |
| 最大速度 | 72千米/小时 |
| 最大行程 | 450千米 |

　　**"阿琼"主战坦克**采用印度自制的"坎昌"复合装甲，虽然印度宣称这种复合装甲与英国"乔巴姆"复合装甲的性能相近，但"坎昌"复合装甲在实际测试中的性能很差。"阿琼"主战坦克装有三防装置，采用德国MTU公司生产的柴油发动机，输出功率为1030千瓦。"阿琼"主战坦克可以越过3米宽的战壕和0.9米高的垂直矮墙，爬坡度为60%。

　　"阿琼"主战坦克的主炮为1门120毫米口径线膛炮，该炮可以发射印度自行研制的尾翼稳定脱壳穿甲弹、破甲弹、发烟弹和榴弹等弹种，改进型还可以发射以色列制的炮射导弹。火控系统为巴拉特电子有限公司研制，由热成像瞄准镜、弹道计算机、激光测距仪以及多种传感器组成。"阿琼"主战坦克的辅助武器为1挺7.62毫米同轴机枪和1挺12.7毫米防空机枪，另外炮塔两侧还各有1组烟幕弹发射装置。

# "卡普兰" 中型坦克

| | |
|---|---|
| 英语名称: | Kaplan Medium Tank |
| 研制国家: | 土耳其、印度尼西亚 |
| 制造厂商: | FNSS防务系统公司、平达德公司 |
| 重要型号: | Kaplan |
| 生产数量: | 400辆（计划） |
| 生产时间: | 2017年至今 |
| 主要用户: | 印度尼西亚陆军 |

| 基本参数 | |
|---|---|
| 长度 | 6.95米 |
| 宽度 | 3.36米 |
| 高度 | 2.46米 |
| 重量 | 35吨 |
| 最大速度 | 78千米/小时 |
| 最大行程 | 450千米 |

"卡普兰"坦克是土耳其与印度尼西亚联合研制的中型坦克，也意译为"虎"式中型坦克。该坦克并非基于专门研发的坦克底盘，而是采用了土耳其现有的"卡普兰"步兵战车底盘。在土耳其的宣传中，"卡普兰"坦克的最大优势就是"现代化"。它的"现代化"主要体现在车载设备上：先进的战场管理系统、具有360度视野的全景摄像头、配备了热成像瞄准器和激光测距仪的火控系统、数字化弹道计算机等。

"卡普兰"坦克的主炮是1门比利时科克里尔公司生产的105毫米高压膛线炮，能够发射高爆弹、破甲弹、烟雾弹和炮射导弹等。火炮系统配备有自动装弹机和稳定系统，炮塔旋转采用电动方式，同时保留了机械手动操作模式。该坦克的辅助武器为1挺7.62毫米同轴机枪。

# 参考文献

[1] 军情视点. 全球战车图鉴大全[M]. 北京：化学工业出版社，2016.

[2] 克里斯多夫·福斯. 简氏坦克与装甲车鉴赏指南(典藏版)[M]. 北京：人民邮电出版社，2012.

[3] 杰克逊. 坦克与装甲车视觉百科全书[M]. 北京：机械工业出版社，2014.

[4] 李大光. 世界著名战车[M]. 西安：陕西人民出版社，2011.

[5] 张翼. 重装集结：二战德军坦克及变型车辆全集[M]. 北京：人民邮电出版社，2012.